协和医院儿科专家

宝宝营养辅食全计划

知名育儿专家
协和医院儿科专家｜李璞｜编著

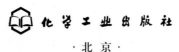

化学工业出版社

·北京·

编写人员名单（排名不分先后）

洪　涛　武舒娴　樊润琴　任丙末　魏月玲

纽慧琴　张晓伟　于　瑶　赵　悦　王胜楠

图书在版编目（CIP）数据

协和医院儿科专家：宝宝营养辅食全计划 / 李璞编著 . —北京：化学工业出版社，2020.1（2024.11重印）
ISBN 978-7-122-35751-9

Ⅰ . ①协… Ⅱ . ①李… Ⅲ . ①婴幼儿－食谱 Ⅳ . ① TS972.162

中国版本图书馆 CIP 数据核字 (2019) 第 260458 号

责任编辑：葛亚丽　李　倩　　　　　　装帧设计：红杉林文化
责任校对：张雨彤　　　　　　　　　　图片摄影：武舒娴

出版发行：化学工业出版社（北京市东城区青年湖南街13号　邮政编码100011）
印　　装：盛大（天津）印刷有限公司
710mm×1000mm　1/16　印张15　字数234千字　2024年11月北京第1版第17次印刷

购书咨询：010-64518888　　　　　　售后服务：010-64518899
网　　址：http://www.cip.com.cn
凡购买本书，如有缺损质量问题，本社销售中心负责调换。

定　　价：59.80元　　　　　　　　　　　　　　版权所有　违者必究

前　言

　　我是一名儿科医生，一直从事儿科临床和儿童健康管理工作，已有50多年。近些年在全国多个城市进行儿童健康管理以及科学喂养讲座数十场。不论是儿科临床的患儿家长，还是讲座中前来咨询的家长，我最常听到的是他们这几句话："孩子怎么这么容易生病？""孩子不爱吃饭，做什么都不好好吃。""我的孩子是不是长得比别的孩子慢？"……作为医生，我深知这些问题最本质的原因是：孩子需要科学的养育，特别是科学的喂养。

　　宝宝的科学喂养——"吃"，并不是简单的一餐一饭。在宝宝出生前，妈妈十月怀胎过程中就要通过自己的饮食为腹中的宝宝提供健康发育所需的营养；宝宝出生后，1岁前的主要营养离不开妈妈的乳汁或安全、营养均衡的配方奶，以及适时、适量添加的营养辅食；1岁后逐渐过渡到以"菜饭为主，奶为辅"的正常饮食。从宝宝6个月开始，关系到他（她）的生长发育和一生饮食习惯培养的重要阶段来临——辅食的添加。宝宝从"辅食"开始初尝各种自然味道，面对不会表达的小宝宝、面对每天繁杂的育儿事物、面对多变的生活环境，毫无经验的新手爸爸和妈妈不免会紧张和焦虑。

　　值得高兴的是，我看到的是很多认真负责、积极学习的新手爸妈，他们是拥有新知识，也乐于学习新知识的一代父母。我很高兴，也更希望能帮助他们，给他们的育儿生活减轻一些紧张和焦虑，使之更从容、更快乐地享受与宝宝一起度过的美好成长时光。

　　这本书中的200多道营养辅食是我从近些年儿童健康咨询和讲座的内容中精心挑选出来的，按宝宝身体发育的不同时期，专为6个月~3岁的宝宝精心搭配，制订出分阶段辅食添加计划，每个阶段都有相应的营养美食餐和香甜水果餐，从食材的选择、搭配、制作窍门、注意事项等方面详细介绍为宝宝特别甄选的营养辅食，还配有食材的季节推荐、每周营养配餐计划。

　　在多次的咨询和讲座中，许多家长常常问到一些宝宝常见小病的预防和护理。医者仁心，我对病儿家长急切的心情感同深受，更感受到"防重于治"的重要性，因此书中还精心准备了应对宝宝常见小病的饮食预防调理餐和功能调理餐，让宝宝少受疾病之苦，健康长大。

　　200多道辅食是宝宝一生美食之旅的开始，希望这本书能激发新手爸妈的美食灵感，为宝宝做出更多的美味营养餐，让宝宝健康快乐地成长！

李璞

2019年12月

怎样使用这本书

菜谱关键词
可根据宝宝的营养需求在目录中查找，同时也是本道辅食的特别功效。

精制美图
直观了解本道辅食，做到心中有数。

辅食主要食材
根据提示准备每餐相应食材。

宝宝说：
今天我要自己吃饭。

促进消化 **苹果胡萝卜小饼**

 营养关键词：维生素A　维生素C　胡萝卜素

食　材：胡萝卜1/4根，苹果半个，生蛋黄1个，柠檬半个，面粉、植物油适量。

做　法：

① 胡萝卜洗净去皮，切成细丝。

② 苹果洗净，去皮、去核，切细丝，放入碗中，挤少量柠檬汁拌匀。

③ 将胡萝卜丝、生蛋黄一起放入苹果丝中，再加入少量面粉，搅拌成面糊。

④ 平底锅内加少量植物油，锅热后缓慢倒入面糊，摊成圆形的小饼，两面煎熟。

❤ 专家说：

胡萝卜提供了丰富的维生素A，有助于宝宝视力发育。苹果中含有苹果酸和柠檬酸，可以增加胃液分泌，促进消化。

营养关键词
本道菜的主要营养成分，根据宝宝成长的个性需求选择适合的营养辅食。食材主要营养成分参照《中国食物成分表（标准版）》。

专家说
喂养专家细说本道辅食主要营养、食材搭配原理和科学的烹饪小窍门。帮助新手爸妈做宝宝的健康营养师！

做法
简单方法，详细步骤。营养辅食制作关键。

目 录 *contents*

第一章
认识宝宝辅食

第二章 🍄

有滋有味的营养辅食制作

第三章

宝宝常见病特别调理辅食

第四章

宝宝功能性特别营养辅食

附 录

第一章
认识宝宝辅食

辅食添加的目的是让宝宝从母乳（配方奶）以外的食物中获取成长所需营养，辅食是母乳（配方奶）与成人食物之间的过渡食物。营养健康的辅食不仅为宝宝提供成长所需的能量和营养物质，还可以丰富宝宝的嗅觉和味觉、培养宝宝的好奇心、让宝宝学习咀嚼和吞咽的技能，从而为宝宝养成良好的饮食习惯打好基础。给宝宝添加辅食的初期要注意辅食添加的时机、辅食食材的选择，以及添加适合的量。

认识"婴儿辅食"

① 读懂宝宝的"辅食"需求信号

● 对食物和大人进食感兴趣

通常，6个月就要给宝宝添加辅食了，但是也要看宝宝对辅食的接受度，由此来把握给宝宝添加辅食的时机。怎样判断宝宝是否做好接受辅食的准备了呢？宝宝对放进嘴里的食物能尝试咽下，表现出高兴、好吃的样子；大人在宝宝旁边吃饭时，宝宝会伸手抓勺子、筷子；喜欢将手或玩具塞进嘴里，这些都说明宝宝对"吃饭"有兴趣了。

● 已经学会吞咽

最初给宝宝喂食辅食时，有些宝宝会伸舌头将喂进嘴里的东西吐出来，妈妈会认为这是宝宝不爱吃的表现。宝宝这种"伸舌头"的表现其实是一种本能的自我保护，称为"伸舌反射"——宝宝的吞咽功能还不完善，用舌头推出进入嘴里的固体食物，防止外来异物进入喉部导致窒

息。这种反射的消失常会看作是宝宝接受辅食的重要标志。

如果宝宝的这一本能反射还未消失，说明宝宝还未学会吞咽，身体还没有做好迎接辅食的准备，这时如果强塞硬喂会造成宝宝对食物的抵触，影响营养的吸收，严重时还会有窒息危险。

● 身体的发育

6个月前后的宝宝能控制头部和上身，能够扶着或靠着坐，头能竖起，保持稳定。在给宝宝喂食时宝宝可以用转头、前倾、后仰来表示想吃或不想吃。当宝宝具备一定的手眼协调能力、看到食物能用手抓住食物并准确放入嘴里时，家长应减少"硬喂"的情况，避免宝宝对食物产生厌恶，影响宝宝良好饮食习惯的建立。

② 辅食添加与宝宝的身体发育

● 辅食的及时添加可满足宝宝生长发育所需的各种营养。宝宝6个月以后身体

对各种营养的需求增多，必须通过添加辅食的方式来获得更多、更全面的营养素。新鲜的水果和蔬菜中含有丰富的维生素和多种矿物质，宝宝食用后营养素的吸收和利用大大提高，从而为宝宝的身体储备更多的能量。

● 锻炼宝宝的咀嚼和吞咽能力，促进宝宝牙齿的发育。为宝宝添加的辅食从流质到固态，需要宝宝充分调动口腔内的牙齿和舌头，食物磨烂—嚼碎—咬断，在这个过程中增加了宝宝的唾液和消化液的分泌量，增强了消化功能，促进了牙齿的发育，同时也训练了宝宝的咀嚼和吞咽能力。

● 促进宝宝的语言发展。宝宝在咀嚼、吞咽食物的同时，口周、舌部小肌肉也得到了锻炼，为宝宝发音、使用语言做好了准备。

● 开发宝宝的智力。随着宝宝的长大，添加辅食的品种越来越多，味道也越来越丰富，这些真实的体验刺激了宝宝的多种感觉器官。

❸ 什么是好的"婴儿辅食"

● 适量的盐和糖。盐和糖是调味品，过多摄入盐会加重宝宝的肾脏负担，对身体造成伤害。过多的糖能够诱发宝宝体重增加、龋齿、偏食等健康问题。宝宝1岁前的辅食中不需要添加盐和糖，宝宝1岁后可以食用添加少量盐和糖的食物。

● 高营养密度，含有高能量、蛋白质和微量元素（铁、锌、钙、磷、硒等），特别是铁含量要丰富。

● 种类丰富、搭配合理。对于宝宝的辅食，吃了什么可能比吃了多少更重要。在宝宝适应一种食物后，可陆续添加新的食物，尝试新的味道，补充更多营养，让宝宝的辅食食谱丰富多样。

● 安全卫生。购买新鲜安全的食物；制作过程保证生熟分开、彻底煮熟、不含有骨头和坚硬的小块（如整粒坚果、植物种子）；喂食时使用安全餐具，使用宝宝专用餐具。

● 采用蒸、煮的制作方法，最大程度保持食物的原汁原味。

❹ 最初辅食——强化铁米粉

开始给宝宝添加辅食了，最初先吃什么呢？宝宝的辅食最好从不容易过敏、容易消化的食物开始，同时为了预防宝宝缺铁性贫血，还应注意添加富含铁的食物。

辅食添加食材顺序

淀粉（含铁高，如强化铁米粉） ➡ **蔬菜** ➡ **水果** ➡ **肉类**

最初的基础辅食大多数妈妈会选择婴儿强化米粉。婴儿强化米粉不只是简单的米粉，而是专为婴幼儿设计的均衡营养食品，它添加了婴幼儿生长发育必需的多种营养素，如蛋白质、脂肪、DHA、维生素D、铁、钙、纤维素等，并分月龄进行营养配比，适合不同月龄宝宝在相应月龄段食用。婴儿强化米粉是一种高营养密度的婴儿辅食，适合作为宝宝最初添加辅食的食物之一。

为宝宝制作第一餐婴儿米粉时应注意：首先要选择适合宝宝月龄段的米粉。同婴儿配方奶粉一样，不同月龄段宝宝营养需求不同，米粉中的营养配比也不同，应按月龄为宝宝选择。其次是选择只含一种食物成分的米粉，这样容易分辨宝宝会对哪一种食物有过敏反应。最后强调的是应选择强化铁米粉。

选择好米粉后可用母乳、按标准比例冲调好的配方奶或水进行冲调。注意冲调液体温度不宜过高，过高的温度会破坏配方奶中的营养物质，同时也会破坏米粉中所含的营养成分。

宝宝顺利适应第一餐"美食"后，再陆续逐一添加其他高铁食物，如蛋黄及各类泥质食物等。

⑤ 最初添加辅食的食物特点

● 数量：由少到多

最初添加辅食的目的是让宝宝逐渐接受并适应新的食物，吃的量并不重要。因此不能强硬要求宝宝一次必须吃多少。在宝宝完全适应一种辅食之后再增加进食量。

● 种类：由一种到多种

最初开始添加辅食时，每次只能添加一种，等宝宝完全适应后再试着添加另一种，随着宝宝长大，品种越来越丰富。

● 质地：由稀到稠、由细到粗

　　刚开始添加辅食时，食物宜稀宜软，让宝宝容易咀嚼、吞咽和消化。再逐渐改变食物质地，即流质——半流质——糊状——半固体——固体。

　　食物的大小也由肉或菜碎泥——肉或菜小碎粒——肉或菜的小颗粒——肉或菜的大颗粒——肉或菜块儿。

基础辅食的制作与添加

1 各类营养丰富的蔬菜

　　蔬菜含丰富的维生素、矿物质和膳食纤维。

可作为辅食食材的蔬菜种类主要有：

根茎、瓜类：土豆、胡萝卜、西红柿、冬瓜、南瓜、黄瓜、山药、毛豆、豌豆等。

绿叶类：菠菜、小白菜、白菜、鸡毛菜、芥蓝、芹菜、西蓝花、荠菜、苋菜、圆白菜等。

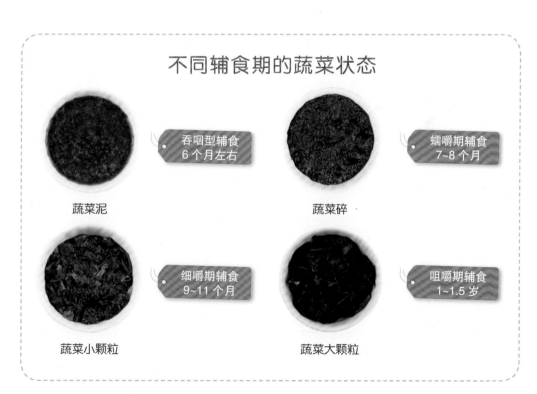

不同辅食期的蔬菜状态

蔬菜泥　吞咽型辅食 6个月左右

蔬菜碎　蠕嚼期辅食 7~8个月

蔬菜小颗粒　细嚼期辅食 9~11个月

蔬菜大颗粒　咀嚼期辅食 1~1.5岁

其他：百合、莲子。

蔬菜泥是宝宝添加蔬菜的第一步，蔬菜泥中含有丰富的维生素、膳食纤维。不同的蔬菜味道、口感各不相同，应逐一让宝宝尝试并喜欢。

蔬菜在购买时应首选本地应季新鲜的蔬菜，挑选颜色和外形都正常的蔬菜。制作时宜现做现切，绿叶蔬菜焯煮时间不宜过长。喂食后剩下的食物不要再给宝宝食用。

❷ 味道独特的水果

水果味道香甜多汁，很多水果都是维生素的宝库。水果还含有丰富的矿物质、果胶和膳食纤维，能起到帮助宝宝消化的作用。

可作为辅食食材的水果种类有：苹果、香蕉、橙、西瓜、葡萄、红枣、草莓、樱桃、木瓜、荔枝、桃、山楂、猕猴桃等。

8个月前宝宝食用的果泥（除香蕉泥外）应经过煮制后再制成果泥。西瓜、草莓等制成果汁后应兑入适量温开水稀释后再给宝宝食用。

水果在购买时同样应首选本地应季水果，挑选颜色、外形正常的水果。宝宝乳牙全部萌出，能够完全将食物咀嚼后，可以将水果切成块、条或片状，让宝宝自己拿着吃。

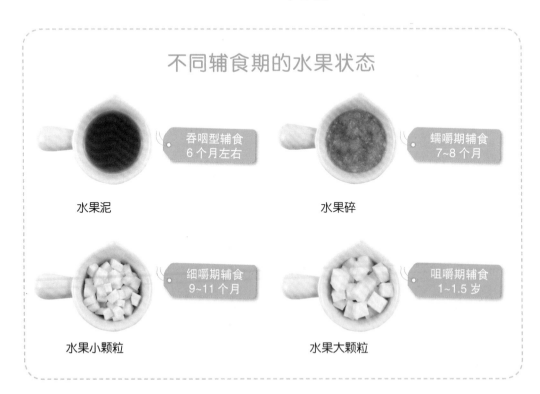

不同辅食期的水果状态

吞咽型辅食 6个月左右 —— 水果泥

蠕嚼期辅食 7~8个月 —— 水果碎

细嚼期辅食 9~11个月 —— 水果小颗粒

咀嚼期辅食 1~1.5岁 —— 水果大颗粒

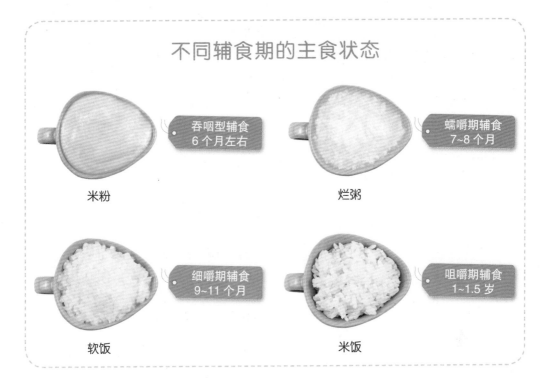

不同辅食期的主食状态

吞咽型辅食
6个月左右

米粉

蠕嚼期辅食
7~8个月

烂粥

细嚼期辅食
9~11个月

软饭

咀嚼期辅食
1~1.5岁

米饭

③ 变化多样的主食

主食可为人体提供碳水化合物。主食包括谷类、豆类，一些薯类和根茎类蔬菜也可作为主食。

谷类和豆类中含有丰富的B族维生素和膳食纤维，能够平衡饮食、促进宝宝神经系统的发育，帮助胃肠蠕动，预防宝宝便秘。

可作为主食食材的有：强化铁婴儿米粉、小米、大米、玉米、玉米面、红豆、绿豆、黄豆、薏米、燕麦、标准粉、红薯、土豆、藕粉等。

宝宝的胃肠功能较弱，给宝宝制作主食应做到细、软、熟，适当按营养搭配原则添加豆类、薯类等粗粮。但由于粗粮膳食纤维较多，易产生饱腹感，在宝宝肠胃内停留时间较长，影响宝宝对其他食品的摄入量，因此宝宝每天摄入的粗粮总量不要超过当天主食的1/4。

④ 营养多多的肉（包括鱼、虾）类

肉类可为人体提供蛋白质、脂肪、矿物质及少量的维生素。可作为辅食为宝宝添加的肉类食物有畜类瘦肉、禽类瘦肉、无刺净鱼肉以及去皮虾仁等。

肉类辅食添加的方式很多，可制成肉丸、肉饼、与菜混合制成肉馅。

不论肉类以何种方式制成辅食，在烹制方法上都应以蒸、煮为主，避免采用煎、炸的烹制方法。

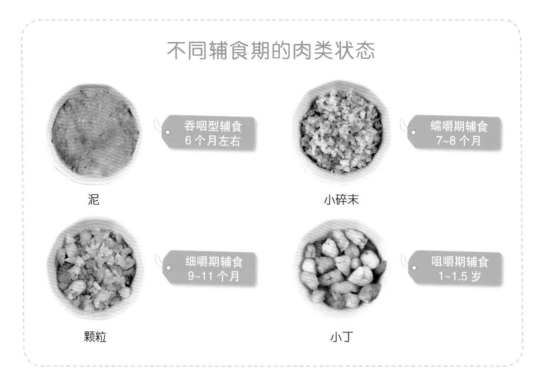

不同辅食期的肉类状态

吞咽型辅食
6个月左右

泥

蠕嚼期辅食
7~8个月

小碎末

细嚼期辅食
9~11个月

颗粒

咀嚼期辅食
1~1.5岁

小丁

⑤ 辅食与调味品

● 盐

宝宝的辅食都应是无盐或少盐的。宝宝的肾脏发育不完善，代谢能力低，盐会加重宝宝肾脏的负担，所以不能用成人的味觉衡量宝宝辅食的味道。1岁以内婴儿的辅食是不需加盐的，1岁后应少盐，让宝宝从小养成少盐的饮食习惯。

除了食盐外，有些调料中也含盐，如酱油、醋，妈妈可以在购买厨房调料时注意仔细阅读商品标签上的成分表（或配料表），看是否含有盐或钠，这些都是不应或只能少量出现在宝宝的辅食中的。

现在超市中的熟肉制品品种繁多，但熟肉制品普遍都是高盐食品，其中还含有各种防腐剂、添加剂，这些加工类食品都是不能给宝宝食用的。

● 糖

糖不只是指调料中的糖，很多食物中都含有糖，如水果、酸奶、甜品、饮料中都含有糖。宝宝正处在乳牙萌出时期，过多食用含糖食物会损害牙齿，影响乳牙的萌出。

天然食物中的糖，如水果、甜薯等食物可适量食用；1岁后可以在加餐时食用无糖酸奶和一些低糖的小甜品；饮料，最好为自制的鲜榨果汁（1岁前宝宝喝鲜榨果汁需加4倍温水稀释），尽量少喝或不喝瓶装果汁、甜饮料、蜂蜜水等。

⑥ 安全方便的辅食制作工具

● 煮锅

用于焯烫食物或煮汤粥。材质最好为不锈钢或搪瓷锅。这个锅应是宝宝专用煮锅。

● 料理机

用于榨取果汁；搅打蔬果泥、肉泥；研磨粉类。配有滤网，易清洗，分不同食物的研磨杯，如碎肉杯、磨粉杯等。

● 研磨器

用于将少量食物磨成泥。较硬的食材研磨前需煮熟，如土豆、胡萝卜、豆类等。

● 辅食食物剪

用于将制作好的食物在食用前剪成颗粒，保留更多的食物营养，避免在制作时造成营养流失。在外就餐时也方便将适合宝宝食用的食物加工成安全的婴儿辅食。

● 冷冻冰格

用于将制作好的蔬果泥、肉泥冷冻储存，方便食用。配备有盒盖，干净卫生，并防止食物间串味儿。

● 辅食制作模具

用于制作各种造型的饭团、饼干、面片，进行食材造型。

煮锅

辅食食物剪

料理机

冷冻冰格

研磨器

辅食制作模具

7 安全有趣的辅食餐具

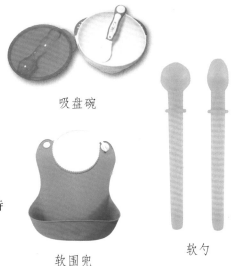

吸盘碗

● 吸盘碗

能稳固地吸附在桌子上，防止宝宝打翻。

● 软勺

给宝宝喂食时保护宝宝口腔及牙床。

● 软围兜

用于给宝宝喂食时接住掉下的食物，保持用餐卫生，方便清理。

软围兜　　软勺

8 辅食餐具的清洗与消毒

宝宝的餐具必须及时清洗和消毒，每餐使用后的餐具清洗后可集中一起消毒一次。消毒方法有煮沸消毒和蒸汽消毒。

煮沸消毒是将宝宝的餐具洗干净后放在沸水中煮2～5分钟，适用陶瓷和玻璃餐具。

蒸汽消毒是将宝宝的餐具洗干净后放到蒸锅或宝宝专用餐具消毒器中蒸5～10分钟。适合陶瓷、玻璃、硅胶、塑料等材质餐具。

宝宝的餐具清洗消毒后应放至干燥卫生的抽屉或柜中收纳存放，避免二次污染。

宝宝与辅食

1 让宝宝爱上辅食

● 多运动

运动看似和辅食没有关系，但多运动能够促进新陈代谢，使宝宝身体内储存的能量转化出去，运动后的宝宝往往会胃口大开，而且多运动还有助于宝宝的生长发育，训练平衡和协调性，使身体得到锻炼，培养积极乐观的精神。

4个月以下的宝宝可由妈妈给宝宝做抚触和按摩；5～10个月的宝宝可以多练习爬行；1岁的宝宝可多练习行走，逐渐到自由行走、奔跑。

● 自己取食

随着宝宝手眼协调能力的发展和手部精细动作的发展，6个月的宝宝可以用手指将面前的食物拿起，并放进嘴中，在一系列动作中宝宝体会到自己取食的乐趣。妈妈可以利用这一点，将辅食制作成宝宝可以自己取食的形状，让宝宝自己取食。

● 花心思的辅食菜品

制作辅食时应注意食物颜色的搭配、菜品的造型，特别对稍大些的宝宝，有时变换食物的形状就能引起他们的食欲。还可以准备一些充满童趣的安全餐具，这些都会让宝宝爱上食物。

② 辅食与过敏

常见的可以引起宝宝过敏反应的食物有牛奶、鸡蛋、花生、小麦、大豆、鱼虾类、贝类、柑橘类水果等。一些加工类的食物，如真空包装的熟食、超市里各种口味的饼干以及饮料中往往都含有添加剂，如人工色素、防腐剂、抗氧化剂、香料等，这些食品添加剂也可引起过敏反应。因此妈妈们不应让宝宝食用这些加工类食品。对于可能引起过敏反应的食物应小心添加，第一次少量添加，添加后密切注意观察宝宝有无异常反应。

每次添加新食物，应以单独、少量开始，方便观察宝宝胃肠道的耐受性和接受能力，以及有无食物过敏，减少一次进食多种食物可能带来的不良反应，方便爸爸妈妈们判断是哪一种食物引起宝宝的不耐受反应。

❸ 辅食与奶的搭配

最初添加辅食时可以选择在上午或下午两次喂奶中间喂一次泥糊状辅食，慢慢再在泥糊中加一些碎肉末、鱼肉末、蔬菜末等。

❹ 宝宝拒绝辅食

宝宝拒绝吃辅食有两种情况，一种是拒绝新添加的食物，有可能是味道不喜欢。还有一种情况是之前爱吃的辅食现在不吃了。不管出于哪种情况，妈妈要先确定宝宝的身体是否有异常，比如乳牙萌出带来的牙部疼痛、生病引起的没有食欲等。如果宝宝没有生病，则说明宝宝此时不饿，或不喜欢这种食物，也有可能是不喜欢此种食物的制作方法。

面对宝宝的不配合，妈妈们切忌强迫宝宝吃辅食。可以等宝宝饥饿或心情好时再喂食。还可以试着改变制作方法、使用宝宝喜欢的餐具，大一些的宝宝还可以引导其自己取食，引发宝宝对食物的兴趣，让宝宝多去尝试。

妈妈要记住：1岁前宝宝的主要食物仍是母乳或配方奶，辅食是一种补充食物。

❺ 辅食，自制还是购买？

宝宝最初添加的基础辅食——婴儿米粉（强化铁婴儿米粉、其他配方婴儿米粉），最好购买优质品牌的成品。成品婴儿米粉经过营养强化，其中所添加的各种营养按宝宝月龄所需进行科学调配，更适合宝宝的生长发育。

随着宝宝长大，添加的辅食种类会越来越丰富，建议采用自制的方法，最大程度保证辅食的新鲜、安全和卫生。

给宝宝食用的食材应保证安全、新鲜。肉类、鱼虾类、蛋类食材应经过专业食品检疫，并保证新鲜；蔬菜水果应是应季、新鲜的蔬果。

宝宝的辅食应单独制作。首先辅食无调料或少调料的清淡味道更适合宝宝；辅食要根据不同月龄宝宝发育的不同阶段调整食物的性状；辅食要保证适合不同月龄宝宝科学合理的营养搭配。另外每个宝宝的生长发育存在不同差异，口味也存在个性特点，自制辅食方便随时调整制作方法，食材选择和搭配也可以根据情况进行调整，因此，为了宝宝的健康成长，妈妈们要多亲手为宝宝制作营养爱心辅食。

❻ 进餐习惯的培养

辅食添加是为宝宝的生长发育提供丰富的营养，同时也是培养宝宝进餐习惯的好时机，为宝宝养成良好的饮食习惯做准备。

● 巧用餐椅

饭前给宝宝洗完手，将宝宝带到餐椅前，告诉宝宝："宝宝坐自己的餐椅，要吃饭了。"接着抱宝宝坐到餐椅上，给宝宝系好围兜。每次吃饭前进行同样系列的"准备工作"，宝宝慢慢熟悉"吃饭流程"，建立条件反射，养成饭前洗手、坐餐椅吃饭的习惯。

● 吃饭时不看电视、玩手机、玩玩具

让宝宝养成专心吃饭的习惯，不在吃

饭时做其他事。不能为了让宝宝安静吃饭而边看电视边吃饭，这样会影响食物的消化吸收，不利于良好饮食习惯的培养。

● 让宝宝自己吃饭

宝宝能自己吃饭是宝宝早期个性形成的一个标志，同时还可以锻炼宝宝的手眼协调能力，培养宝宝的自主性和自理能力。

宝宝10个月后，由于身体和大运动的发展，独立意识开始形成，吃饭时喜欢摆弄餐具，妈妈要抓住这个关键期，教宝宝自己吃饭。

吃饭时可以为宝宝准备一套他喜欢的碗和勺，戴上防水围兜。妈妈和宝宝一起吃饭，一边吃一边教宝宝用勺子、往嘴里送饭、咀嚼，放手让宝宝自己练习吃饭。

刚开始宝宝会吃得到处都是饭菜，妈妈要有耐心，多给宝宝时间练习。有时宝宝会伸手去抓食物吃，这时如果禁止宝宝用手抓东西，会让宝宝失去锻炼的机会，不利于宝宝手部精细动作的发展，还会打击宝宝自己吃饭的积极性。妈妈可以将适合宝宝取食的食物制成方便宝宝取食的形状，让宝宝多多练习。

吃饭后妈妈要带宝宝去洗手、洗嘴、漱口，养成一套完整的进餐习惯。

第二章

有滋有味的营养辅食制作

宝宝的健康美食之旅即将开始，妈妈们做好准备了吗?

宝宝	辅食的内容	辅食的食材	辅食的营养
了解宝宝各辅食阶段身体和心理发育特点	了解各辅食阶段辅食添加内容、辅食特点、参考添加时间、每月营养配餐示例	165道辅食食材选购技巧、制作窍门	了解165道辅食营养关键词 专家分析165道辅食营养搭配特点

吞咽型辅食（6个月宝宝）

主食：母乳喂养继续按需哺乳；混合喂养或配方奶喂养保证每天600~800毫升奶量。

辅食性状：适合吞咽的流质、半流质、稀软泥糊状辅食。

辅食内容：每天应保证喂食1~2种，如婴儿强化铁米粉、蛋黄泥、鸡肉泥、肝泥；少量尝试，隔天轮流添加蔬菜泥、水果泥。

辅食量：以1匙量为开始和增加的原则，逐渐增加到1餐。

特别营养：全面均衡营养；铁——预防生理性缺铁性贫血。

吞咽期标志

- 6个月龄左右
- 脖子竖立较稳，可以靠坐
- 看到大人吃东西，表示出兴趣
- 口水量增多
- 身体和情绪都表现良好

辅食补铁小贴士

- 辅食添加要及时合理。补铁辅食首选动物内脏，其次是瘦肉。对于初加辅食的宝宝可通过进食强化补铁米粉的方法补铁。
- 根据人体对高含铁量食物中"铁"的吸收率的对比，动物性食物比植物性食物补铁效果好。
- 富含维生素C的水果有助于宝宝吸收铁元素。

吞咽期一日辅食添加参考时间

第1顿（早晨）：母乳或配方奶
第2顿（上午）：母乳或配方奶
第3顿（中午）：母乳或配方奶+辅食
第4顿（下午）：母乳或配方奶
第5顿（傍晚）：母乳或配方奶
第6顿（睡前）：母乳或配方奶

营养美食餐

强化补铁 米粉糊

营养关键词：**强化铁　均衡营养**

食　材：强化铁1段婴儿米粉、温开水、配方奶适量。

做　法：

方法一

按婴儿米粉包装标注的冲调比例，将婴儿米粉加入适量温开水调匀。

方法二

将婴儿米粉加少量温开水调开，再加入适量冲调好的配方奶调匀。

♥ 专家说

　　婴儿专用米粉的营养高于自制的米糊。婴儿专用米粉中添加了适合该月龄段宝宝生长发育所需的营养素，还添加了此月龄段宝宝特别需要的铁，预防生理性缺铁性贫血。

　　建议刚刚添加辅食的宝宝从原味米粉开始，待宝宝适应后再选择其他口味或配方的米粉，丰富宝宝的辅食品种。

　　米粉只需温开水调匀即可，不需要煮沸。

宝宝说：
这是我第一次用小勺吃饭。

益气健脾 # 红薯泥

🍲 营养关键词：维生素A 胡萝卜素 膳食纤维

🍲 食 材：红薯半根。

🍲 做 法：

❶ 红薯洗净，去皮，切片，放入碗或盘中，再放入蒸锅中，蒸15~20分钟。

❷ 趁热取出红薯，用研磨棒碾成泥状，或用勺压制成泥。

💗 **专家说**

红薯含有较丰富的维生素A和胡萝卜素，可以提高宝宝的免疫力，对宝宝的视力发育也有很好的促进作用。红薯中富含膳食纤维，可以促进宝宝的肠道蠕动，防止便秘。此外，红薯还有益气生津、健脾强肾的功效。给宝宝食用红薯时应注意：一次不要食用过多，另外不要给宝宝喂食凉红薯。

 提高免疫力 # 南瓜泥

💗 **专家说**

南瓜含有较多的胡萝卜素，能够提高宝宝的免疫功能；南瓜中还富含果胶，可延缓肠道对糖和脂类的吸收，清除体内毒素。

🍲 营养关键词：维生素A 维生素E 胡萝卜素 钙 铁 膳食纤维

🍲 食 材：贝贝南瓜（或小南瓜）1/4个。

🍲 做 法：

❶ 贝贝南瓜洗净，用细刷将表皮刷洗干净，切开去籽儿，切1/4个放入碗或盘中，再放入蒸锅，蒸15~20分钟。

❷ 趁热取出，用小勺将南瓜肉挖出放入碗中，过筛网。

❸ 过筛后的南瓜泥可以加入适量温水或配方奶，调成较稀的泥糊状。宝宝适应后也可过筛后直接食用。

利肠通便 豌豆泥

宝宝说：
今天不是"甜甜的"红薯味道，是豆豆的味道呀！

 营养关键词：B族维生素 优质蛋白质 钾 膳食纤维

 食 材：新鲜豌豆50克。

 做 法：

1. 新鲜豌豆洗净。

2. 豌豆放入锅中，加适量水，煮熟。

3. 将煮熟的豌豆捞出，剥去外皮，趁热用研磨棒压制成豆泥。

❤ 专家说

豌豆中含有丰富的优质蛋白质，还含有较多的维生素B_1和维生素B_2，有利于促进宝宝神经系统的发育。豌豆及豌豆皮中富含粗纤维，能促进大肠蠕动、利肠通便，常给宝宝食用还可以起到调理脾胃的作用。

最初添加豌豆泥时由于外皮含膳食纤维较多，口感较硬，可以去掉外皮后制成豌豆泥。等宝宝大一些，牙齿及消化系统也进一步发育，应保留豌豆皮，让宝宝更全面地吸收豌豆的营养。

健脑益智 玉米泥

🥘 营养关键词：谷氨酸　维生素E　膳食纤维

🥘 食　材：新鲜玉米50克。

🥘 做　法：

❶ 将新鲜较嫩的玉米去皮、须，用软刷刷洗表面，剥下玉米粒。

❷ 取适量干净玉米粒放入碗中，放入蒸锅蒸熟。

❸ 将蒸熟的玉米粒放入料理机中搅打成泥，过筛。

专家说

玉米胚芽中所含的维生素E能增强人体的新陈代谢，还能使皮肤细嫩光滑。玉米中含有丰富的谷氨酸，能促进神经细胞的活力，有很好的健脑的功效，使宝宝更聪明。较嫩的玉米制成的玉米泥口感更细腻，适合初加辅食的小宝宝食用。

促进发育 蛋黄泥

🥘 营养关键词：卵磷脂　多种维生素　铁　叶黄素

🥘 食　材：新鲜鸡蛋1个，配方奶适量。

🥘 做　法：

❶ 鸡蛋洗净外皮，煮熟后剥去外壳，去掉蛋白，按需要喂食量取蛋黄放小碗中。

❷ 趁热在蛋黄中加入少量调好的配方奶或温开水，调成泥状。

专家说

鸡蛋的主要营养，如矿物质、维生素、卵磷脂等均在蛋黄中。蛋黄中含有丰富的维生素A、B族维生素、维生素D、维生素E和维生素K，可以提高宝宝的免疫力、对钙的吸收能力，促进宝宝神经系统的发育。蛋黄中丰富的卵磷脂可促进宝宝脑部发育。此外，蛋黄里含有的叶黄素和玉米黄素可为宝宝的眼部发育提供丰富的营养。

丰富铁硒　**紫薯米粉糊**

营养关键词：铁　硒　维生素A　胡萝卜素　花青素

食　材：紫薯25克，米粉25克。

做　法：

❶ 紫薯洗净，去皮，切小块，放入碗中，放入蒸锅蒸熟。

❷ 趁热将蒸熟的紫薯用小勺碾成紫薯泥。也可放入料理机中，稍加温开水，搅打成紫薯泥。

❸ 将米粉放入小碗，加温开水调成米粉糊，加入适量紫薯泥拌匀。

 专家说

紫薯中营养成分的含量高于普通薯类。紫薯含有丰富的铁，有助于预防缺铁性贫血。紫薯中硒和花青素的含量也很丰富，硒能够增强机体免疫力，花青素可以促进视网膜细胞再生，有助视力发育。

紫薯要熟透再给宝宝喂食，因为紫薯中的淀粉颗粒不经高温蒸熟难以消化，会加重宝宝的肠胃负担。

宝宝说：
妈妈，看我吃得棒棒哒！

清热化食
白萝卜米粉糊

营养关键词： 锌　维生素C　淀粉酶　膳食纤维

食　材： 白萝卜50克，米粉25克。

做　法：

① 白萝卜洗净去皮，切片，码入盘中，放入蒸锅蒸熟。

② 趁热用勺或研磨棒碾成泥状，过筛。

③ 米粉加入温开水调成米糊，加入适量白萝卜泥，拌匀。

专家说

白萝卜含有丰富的维生素和微量元素，能够增强宝宝机体的免疫功能，提高抗病能力。白萝卜中的淀粉酶能分解食物中的淀粉、脂肪，有助于宝宝对新添加辅食食物的消化和吸收。白萝卜丰富的膳食纤维可以促进肠道蠕动，防止宝宝发生便秘。

中医认为，白萝卜有下气消食、化痰清热等功效，适合秋冬季给宝宝食用。

增强免疫力
青菜米粉糊

专家说

油菜富含钙、胡萝卜素、维生素C和叶酸，可以提高宝宝的免疫力。

叶类蔬菜一般颜色越深所含营养越丰富，可取绿色叶片部分给宝宝食用。叶茎中含膳食纤维和水分较多，宝宝稍大些可以用整叶制作，提高食物的全营养摄入。

营养关键词： 钙　维生素C　胡萝卜素　膳食纤维

食　材： 鲜嫩油菜50克，米粉25克。

做　法：

① 鲜嫩油菜洗净，取整根叶片，放入沸水中焯烫。

② 将焯好的油菜切碎，放入研磨碗中碾成泥状。

③ 米粉加入温开水调成米糊，加入适量油菜泥，拌匀。

铁锌双补 **胡萝卜鸡肝泥**

🔲 营养关键词：铁　锌　B族维生素　维生素A　胡萝卜素　膳食纤维

🔲 食　材：胡萝卜25克，鸡肝10克，淀粉适量。

🔲 做　法：

 胡萝卜洗净去皮，切片，码入盘中，放入蒸锅蒸熟。

② 鸡肝洗净，去筋膜，切小而薄的片，用清水泡10分钟，冲洗干净，加入淀粉稍腌，放入沸水中煮熟。

③ 将蒸熟的胡萝卜和鸡肝片放入料理机中，加入少量温开水，搅打成泥状。

💜 **专家说**

　　鸡肝可以给宝宝提供丰富的铁、锌和B族维生素，胡萝卜含丰富的维生素A和胡萝卜素，胡萝卜与鸡肝搭配能够提高宝宝的免疫力，预防生理性缺铁性贫血。

宝宝说：
看我的小脸红扑扑！

补血健脑 红枣蛋黄泥

营养关键词：铁 钙 卵磷脂

食 材：红枣4颗，鸡蛋1个。

做 法：

1. 鸡蛋煮熟去掉外壳和蛋白，按喂食量取适量蛋黄用勺碾碎。

2. 红枣用软刷轻刷枣皮上的褶皱处，冲洗干净，放入碗中，入蒸锅蒸熟。取出蒸熟的红枣，趁热剥去枣皮，去枣核，用勺碾成枣泥。

3. 将适量枣泥放入蛋黄中拌匀。

专家说

红枣含有丰富的维生素A、维生素C、维生素B₁、维生素B₂、胡萝卜素以及钙、磷、铁、镁等微量元素。红枣还能增强血液中的含氧量，滋养细胞，提高宝宝的免疫力。

蛋黄中含有丰富的卵磷脂，促进宝宝脑部发育。

新鲜维K 西蓝花鸡肉泥

营养关键词：维生素K 维生素A 胡萝卜素 蛋白质

食 材：西蓝花20克，鸡胸肉30克，淀粉适量。

做 法：

1. 鸡胸肉洗净，去掉肥脂和筋膜，切薄片，加淀粉略腌，放入沸水中焯熟。

2. 西蓝花清洗干净，切小朵，放入沸水中焯至变色捞出。

3. 将焯好的鸡肉片和西蓝花放入料理机中搅打成泥。

专家说

西蓝花中营养素含量丰富，主要包括蛋白质、碳水化合物、脂肪、矿物质、维生素C和胡萝卜素等，其中矿物质钙、磷、铁、钾、锌、锰等含量都很丰富。

西蓝花中所特有的维生素K可以让宝宝血液循环正常进行。人体自身无法生成维生素K，因此需要通过从食物中摄取。

鸡胸肉肉质细嫩，是优质蛋白质来源，并且易于消化，是宝宝辅食添加的佳品。

香甜水果餐

补血生津 桃泥

- 营养关键词：铁　钾　钙　磷　果酸　维生素C
- 食　材：新鲜桃子1个。
- 做　法：

选应季新鲜且稍软的桃子，洗净去皮，切小块，放入碗中，再入蒸锅中蒸8~10分钟，取出趁热用研磨器碾成桃泥，晾温。

 专家说

桃子含有多种维生素和果酸，且富含钙、铁、磷、钾等矿物质，有补益气血、养阴生津的功效。桃子味美，但易引起过敏。蒸熟或煮熟的桃子一般不会引起过敏。如进食桃子后宝宝出现嘴角发红、脱皮、瘙痒等过敏反应，应立即停止进食，给宝宝洗净手脸。如宝宝出现皮肤肿胀、腹泻等严重症状时应及早到专业医院就诊治疗。

清热润肠 香蕉泥

- 营养关键词：维生素A 维生素B₂ 钾 镁
- 食　材：新鲜香蕉半根。
- 做　法：
  香蕉去皮，用研磨器碾成泥状，或用小勺刮取果肉。

专家说

香蕉中含有丰富的钾，能够促进细胞及组织生长，有益于宝宝生长发育。香蕉还有促进肠胃蠕动、润肠通便、润肺止咳、清热解毒以及助消化和滋补的作用。

强身增记忆 苹果米粉糊

- 营养关键词：维生素C 锌
- 食　材：苹果半个，米粉25克。
- 做　法：

方法一

① 苹果洗净去皮、去果核，切块放入碗中，放入蒸锅蒸熟。趁热用勺或研磨棒碾成泥。

② 米粉加入温开水调成米糊。

③ 将苹果泥加入调好的米糊里拌匀。

方法二

① 米粉加入温开水调成米糊。

② 苹果洗净，剖成两半，挖去果核，用小勺刮下果泥，加入调好的米糊。

专家说

苹果含锌丰富，能提高宝宝的免疫力，增强宝宝的记忆力。最初给宝宝添加苹果时应蒸熟后再喂食，等宝宝适应后再喂食新鲜的生制果泥。

开胃强体 苹果鸡肉泥

 营养关键词：维生素C　锌　蛋白质　磷脂

食　材：苹果半个，鸡胸肉1小块，淀粉适量。

做　法：

① 苹果洗净去皮，切小块，放入蒸锅蒸熟。

② 鸡胸肉去筋膜，切小丝，加少量淀粉腌一下，放入沸水中煮熟。

③ 将蒸熟的苹果和煮熟的鸡胸肉丝放入料理机中搅打成泥状。

♥ 专家说

鸡肉蛋白质含量较高，且易被人体吸收利用，能够增强体力、强壮身体，有利于宝宝的身体发育。鸡肉与苹果泥搭配可以使鸡肉的口感软嫩，易于宝宝接受，还可以促进胃肠道对肉类的消化。

宝宝说：
今天吃加了鸡肉的苹果泥，好好吃！

养胃通便 苹果红薯泥

🥘 营养关键词：维生素C　锌　膳食纤维

🥘 食　材：苹果半个，红薯1小块。

🥘 做　法：

❶ 苹果和红薯均洗净去皮，切小块，然后分别放入碗中，放入蒸锅蒸熟。

❷ 把蒸好的苹果和红薯分别放入研磨碗中碾成泥状，混合后给宝宝喂食。

 专家说

苹果丰富的维生素可以提高宝宝身体的抵抗力，预防感冒。苹果泥与红薯泥搭配不仅味道香甜可口，还可起到健脾养胃、通便排毒的功效。

红薯研磨成泥时，如果有筋丝，要挑去，或选用没有筋丝的红薯品种。

宝宝说：

苹果+红薯，香甜可口！

加钙补钾 橙汁土豆泥

营养关键词：钾 钙 磷 B族维生素 维生素C

食 材：橙子半个，土豆半个。

做 法：

❶ 土豆洗净去皮，切小块，放入碗中，放入蒸锅蒸熟，趁热捣成泥。

❷ 橙子对半切开，压制出汁，过滤网。

❸ 在土豆泥中加入适量橙汁，拌匀。

💜 **专家说**

橙汁与土豆泥一起食用使口感更丰富，为宝宝提供更多的维生素和矿物质。

健脾消食 山药苹果泥

营养关键词：黏液蛋白 淀粉酶 维生素C 锌 膳食纤维

食 材：苹果半个，山药1/4根。

做 法：

❶ 苹果洗净去皮，切小块放入碗中。山药刷洗表面。将苹果和山药放入蒸锅蒸熟。

❷ 取出蒸熟的山药，稍晾凉，剥去外皮。将蒸好的苹果和去皮山药放入研磨碗中碾成泥状。

💜 **专家说**

山药中富含黏液蛋白、淀粉酶、葡萄糖和丰富的维生素，可以提高免疫功能，与苹果搭配增强了健脾消食的功效。

山药蒸熟后再去皮，以避免处理生山药时黏液沾到手上造成麻痒的不适感。

健脑增记忆 香蕉蛋黄泥

 营养关键词：胆碱 钾 钙 磷 B族维生素 维生素C

食 材：香蕉半个，鸡蛋1个，柠檬半个。

做 法：

1. 鸡蛋洗净煮熟，去皮，去蛋白，将蛋黄放入研磨碗中碾碎。
2. 香蕉去皮，切小块，放入研磨碗中，挤入几滴柠檬汁，碾成泥状。
3. 将香蕉泥加入碾碎的蛋黄中，拌匀。

专家说

蛋黄中的卵磷脂被喻为健脑佳品，卵磷脂可以提供胆碱，有助于合成一种重要的神经递质——乙酰胆碱，对宝宝的大脑发育十分有益。及时为宝宝添加蛋黄辅食，对生长期宝宝的脑部发育、提高记忆力都大有裨益。

蛋黄还是宝宝补铁的极佳食物，柠檬中的维生素C可以促进人体对"铁"的吸收。另外，柠檬汁还可以延缓香蕉在空气中的氧化变色。因此，几滴柠檬汁量虽少，作用却很大。

宝宝说：

尝尝新味道！

吞咽期宝宝辅食食材选择

　　吞咽期的小宝宝消化吸收系统还未发育成熟，在食材的选择上首选易消化、营养高的食材，如南瓜、薯类、苹果等。

◎ 春季推荐添加食物

　　春季是宝宝身体快速生长发育的时期，身体对钙、铁的需求增加，除婴儿强化钙、铁米粉以外，还要及时添加含钙、铁丰富的蛋黄、肝类、羽衣甘蓝、油菜、西蓝花等。

　　春季是易过敏的季节，给宝宝选择辅食食材时还要避免易过敏的食材，鱼、虾类不宜过早添加。

来　源	营　养	食　材
五谷根茎类（主食）	能量	婴儿强化铁米粉、土豆、山药、薯类
肉、蛋	蛋白质、矿物质	鸡肉、蛋黄、鸡肝
蔬菜	维生素、矿物质、膳食纤维	菠菜、油菜、小白菜、羽衣甘蓝、西蓝花、菜花、西红柿、胡萝卜、白萝卜、豌豆
水果		苹果、草莓、梨

◎ 夏季推荐添加食物

　　夏季炎热，宝宝易出汗，食欲差，适合给宝宝选择能够清热祛暑的食物，如冬瓜、黄瓜、西瓜等。给宝宝食用西瓜时，因为西瓜甘甜，宝宝很容易接受并要求多食，但西瓜性凉，宝宝肠胃功能较弱，多食后易发生腹痛、腹泻等症状，因此注意喂食量，不可多食。

来　源	营　养	食　材
五谷根茎类（主食）	能量	婴儿强化铁米粉、土豆、薯类
肉、蛋	蛋白质、矿物质	鸡肉、蛋黄、鸡肝
蔬菜	维生素、矿物质、膳食纤维	菠菜、油菜、小白菜、西蓝花、菜花、西红柿、冬瓜、胡萝卜、白萝卜、黄瓜、南瓜
水果		西瓜、葡萄、桃子、香蕉

◎秋季推荐添加食物

秋季天气凉爽，宝宝的食欲开始增加，可以为宝宝选择健脾消食、润燥补水的食物，如白萝卜、山药、薯类、橙子等。

来　源	营　养	食　材
五谷根茎类（主食）	能量	婴儿强化铁米粉、土豆、山药、薯类
肉、蛋	蛋白质、矿物质	鸡肉、蛋黄、鸡肝
蔬菜	维生素、矿物质、膳食纤维	菠菜、油菜、芹菜、小白菜、西蓝花、菜花、西红柿、冬瓜、胡萝卜、白萝卜、南瓜
水果		橙子、橘子、梨、苹果

◎冬季推荐添加食物

冬季天气寒冷，要及时为宝宝提供足够的能量，可选择土豆、薯类、南瓜、山药等食物轮换给宝宝食用，同时保证维生素的摄入，提高机体的抗病能力，顺利过冬。

来　源	营　养	食　材
五谷根茎类（主食）	能量	婴儿强化铁米粉、土豆、山药、薯类
肉、蛋	蛋白质、矿物质	鸡肉、蛋黄、鸡肝
蔬菜	维生素、矿物质、膳食纤维	菠菜、油菜、芹菜、小白菜、西蓝花、菜花、胡萝卜、白萝卜、南瓜、芋头
水果		苹果、香蕉、橙子

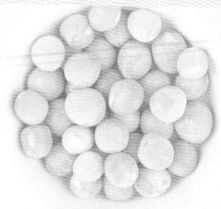

◎ 吞咽期宝宝辅食配餐

第1周

餐次 周次	第1顿	第2顿	第3顿	第4顿	第5顿	第6顿
周一	母乳或 配方奶	母乳或 配方奶	母乳或配方奶 + 米粉糊1勺	母乳或 配方奶	母乳或 配方奶	母乳或 配方奶
周二	母乳或 配方奶	母乳或 配方奶	母乳或配方奶 + 米粉糊2勺	母乳或 配方奶	母乳或 配方奶	母乳或 配方奶
周三	母乳或 配方奶	母乳或 配方奶	母乳或配方奶 + 米粉糊3勺	母乳或 配方奶	母乳或 配方奶	母乳或 配方奶
周四	母乳或 配方奶	母乳或 配方奶	母乳或配方奶 + 蛋黄泥1勺	母乳或 配方奶	母乳或 配方奶	母乳或 配方奶
周五	母乳或 配方奶	母乳或 配方奶	母乳或配方奶 + 蛋黄泥2勺	母乳或 配方奶	母乳或 配方奶	母乳或 配方奶
周六	母乳或 配方奶	母乳或 配方奶	母乳或配方奶 + 蛋黄泥（1/4个蛋黄）	母乳或 配方奶	母乳或 配方奶	母乳或 配方奶
周日	母乳或 配方奶	母乳或 配方奶	母乳或配方奶 + 米粉糊 + 蛋黄泥（1/4个 蛋黄）	母乳或 配方奶	母乳或 配方奶	母乳或 配方奶

第2周

餐次 周次	第1顿	第2顿	第3顿	第4顿	第5顿	第6顿
周一	母乳或配方奶	母乳或配方奶	母乳或配方奶 +米粉糊 + 南瓜泥1勺	母乳或配方奶	母乳或配方奶	母乳或配方奶
周二	母乳或配方奶	母乳或配方奶	母乳或配方奶 +米粉糊 + 南瓜泥2勺	母乳或配方奶	母乳或配方奶	母乳或配方奶
周三	母乳或配方奶	母乳或配方奶	母乳或配方奶 +米粉糊 + 南瓜泥3勺	母乳或配方奶	母乳或配方奶	母乳或配方奶
周四	母乳或配方奶	母乳或配方奶	母乳或配方奶 +米粉糊 + 鸡肉泥1勺	母乳或配方奶	母乳或配方奶	母乳或配方奶
周五	母乳或配方奶	母乳或配方奶	母乳或配方奶 +米粉糊 + 鸡肉泥2勺	母乳或配方奶	母乳或配方奶	母乳或配方奶
周六	母乳或配方奶	母乳或配方奶	母乳或配方奶 +米粉糊 + 鸡肉泥3勺	母乳或配方奶	母乳或配方奶	母乳或配方奶
周日	母乳或配方奶	母乳或配方奶	母乳或配方奶 +米粉糊 + 蛋黄泥（1/4个蛋黄）	母乳或配方奶	母乳或配方奶	母乳或配方奶

注：配餐中"米粉"均为适龄的婴儿强化营养米粉。

第3周

餐次 周次	第1顿	第2顿	第3顿	第4顿	第5顿	第6顿
周一	母乳或配方奶	母乳或配方奶	母乳或配方奶 + 米粉糊 + 豌豆泥1勺	母乳或配方奶	母乳或配方奶	母乳或配方奶
周二	母乳或配方奶	母乳或配方奶	母乳或配方奶 + 米粉糊 + 豌豆泥2勺	母乳或配方奶	母乳或配方奶	母乳或配方奶
周三	母乳或配方奶	母乳或配方奶	母乳或配方奶 + 米粉糊 + 豌豆泥3勺	母乳或配方奶	母乳或配方奶	母乳或配方奶
周四	母乳或配方奶	母乳或配方奶	母乳或配方奶 + 米粉糊 + 红薯泥1勺	母乳或配方奶	母乳或配方奶	母乳或配方奶
周五	母乳或配方奶	母乳或配方奶	母乳或配方奶 + 米粉糊 + 红薯泥2勺	母乳或配方奶	母乳或配方奶	母乳或配方奶
周六	母乳或配方奶	母乳或配方奶	母乳或配方奶 + 米粉糊 + 红薯泥3勺	母乳或配方奶	母乳或配方奶	母乳或配方奶
周日	母乳或配方奶	母乳或配方奶	母乳或配方奶 + 米粉糊 + 蛋黄泥（1/4个蛋黄）	母乳或配方奶	母乳或配方奶	母乳或配方奶

第4周

餐次 周次	第1顿	第2顿	第3顿	第4顿	第5顿	第6顿
周一	母乳或配方奶	母乳或配方奶	母乳或配方奶 + 米粉糊 + 香蕉泥1勺	母乳或配方奶	母乳或配方奶	母乳或配方奶
周二	母乳或配方奶	母乳或配方奶	母乳或配方奶 + 米粉糊 + 香蕉泥2勺	母乳或配方奶	母乳或配方奶	母乳或配方奶
周三	母乳或配方奶	母乳或配方奶	母乳或配方奶 + 米粉糊 + 香蕉泥3勺	母乳或配方奶	母乳或配方奶	母乳或配方奶
周四	母乳或配方奶	母乳或配方奶	母乳或配方奶 + 香蕉蛋黄泥	母乳或配方奶	母乳或配方奶	母乳或配方奶
周五	母乳或配方奶	母乳或配方奶	母乳或配方奶 + 米粉糊 + 玉米泥1勺	母乳或配方奶	母乳或配方奶	母乳或配方奶
周六	母乳或配方奶	母乳或配方奶	母乳或配方奶 + 米粉糊 + 玉米泥2勺	母乳或配方奶	母乳或配方奶	母乳或配方奶
周日	母乳或配方奶	母乳或配方奶	母乳或配方奶 + 米粉糊 + 玉米泥3勺	母乳或配方奶	母乳或配方奶	母乳或配方奶

蠕嚼期辅食（7～8个月宝宝）

主食：母乳喂养继续按需哺乳；混合喂养或配方奶喂养保证每天600～800毫升奶量。

辅食性状：适合蠕嚼期，和吞咽期相比水分较少，保留一定食物形状、软嫩细碎的末状食物。

辅食内容：可以食用的食材种类增多，可以更多地变换菜式，让宝宝的味觉得到更丰富的刺激。

每日应保证喂食鸡蛋黄1个，肉、鱼类30～50克。

搭配：五谷根茎类、蔬菜、水果。

辅食量：每日添加辅食2餐。

特别营养：全面均衡营养；更高营养密度；铁；钙。

蠕嚼期标志

- 第7个月龄
- 顺利度过每日添加1次辅食的阶段
- 会使用嘴的前部来获取食物，完成吞咽动作
- 对食物感兴趣

蠕嚼期一日辅食添加参考时间

第1顿（早晨）：母乳或配方奶

第2顿（上午）：母乳或配方奶

第3顿（中午）：辅食（果泥、肉泥、鱼泥、豆腐泥、稠粥、烂面条等）

第4顿（下午）：母乳或配方奶

第5顿（傍晚）：辅食（混合菜泥、肉泥稠粥）

第6顿（睡前）：母乳或配方奶

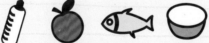

肉类添加小贴士

● 肉类含丰富的蛋白质，属营养密度较高的食物，为宝宝生长发育提供重要的营养物质。

● 肉类中含脂肪，宝宝初食辅食，胃肠功能还未发育成熟，应按照脂肪含量由少到多的顺序进行选择食用，以减少对宝宝内脏造成的负担。

建议按顺序为宝宝进行添加：

鸡小胸肉—鸡胸、鸡腿（去皮）—牛小里脊肉—猪小里脊肉

不建议给宝宝食用加工过的熟肉制品。

● 给宝宝选择肉类首先应选口感较嫩的部位，如鸡小胸、猪和牛的小里脊肉等。在制作时，可切断肉的纤维，切碎后用淀粉腌制，可使肉的口感更软嫩。

◎蠕嚼前期——第 7 个月宝宝的辅食制作

辅食特点： 较吞咽期辅食黏稠的糊状食物

 营养美食餐

补铁护眼 西红柿鸡肝泥

- 营养关键词：铁 维生素A 维生素C
  锌
- 食 材：西红柿半个，鸡肝30克。
- 做 法：

❶ 鸡肝洗净，浸泡半小时，冲洗干净。切掉鸡肝上的肥脂和筋膜，切成薄片，用沸水焯熟，捞出切碎。

❷ 西红柿将皮剥去，切小块。

❸ 将西红柿丁和焯熟的鸡肝放入料理机搅打成泥，然后上蒸锅蒸5分钟。

专家说

动物肝脏富含铁、锌和维生素A，铁可以预防宝宝生理性缺铁性贫血，维生素A有助于保护视力。

鸡肝口感鲜嫩，搭配酸酸甜甜的西红柿，丰富了口感，让宝宝更易接受。

宝宝说：

酸酸甜甜的鸡肝让我的眼睛更明亮。

补充蛋白质

鳕鱼豆腐泥

- 营养关键词：蛋白质　钙　硒　DHA　EPA
- 食　材：鳕鱼20克，豆腐30克。
- 做　法：

❶ 鳕鱼洗净，放入盘中，入蒸锅蒸熟。取出，去皮、去刺，将净鱼肉放入料理机搅打成鱼泥。

❷ 豆腐洗净，用勺碾成豆腐泥。

❸ 小锅中加少量水，加入豆腐泥和鱼泥，边煮边搅拌。水开后煮5分钟。

专家说

　　鱼肉中的蛋白质含有人体所需的多种氨基酸，并且氨基酸含量和比例适合宝宝身体所需。鱼肉中还含有丰富的DHA和EPA，促进宝宝脑部发育。

促进生长 # 蛋黄豆腐羹

- 营养关键词：优质蛋白质　氨基酸　卵磷脂　钙　铁
- 食　材：鸡蛋1个，豆腐30克。
- 做　法：

❶ 鸡蛋洗净，磕开外壳，取适量蛋黄放入碗中打散。

❷ 豆腐洗净碾碎放入蛋黄中，搅拌均匀。

❸ 将混合好的蛋黄和豆腐放入蒸锅中蒸熟。

专家说

　　蛋黄和豆腐中丰富的卵磷脂有助于宝宝的大脑和神经发育。豆腐中蛋白质含量丰富，且蛋白质种类属"植物性蛋白质"，含有人体必需的8种氨基酸，比例更接近人体所需，人体对其消化吸收率可以达到95%以上。豆腐还含有钙、铁等多种矿物质，可以促进宝宝牙齿和骨骼的生长发育。

补钙强体 口蘑豆腐羹

 营养关键词：蛋白质　维生素D　钙　镁

 食　材：口蘑2朵，豆腐50克，无盐无调料的高汤适量。

 做　法：

① 口蘑去蒂，清洗干净后切片，放入沸水中焯烫，捞出，切碎。

② 豆腐洗净切小块。

③ 锅中放入高汤，加入切碎的口蘑和豆腐块，边煮边将豆腐搅碎，煮8~10分钟。

♥ 专家说

　　豆腐含钙丰富，口蘑与豆腐搭配同食，有助于预防佝偻病，促进宝宝牙齿和骨骼的发育，增强免疫力。

　　口蘑也可换成其他蘑菇，如鲜香菇、蟹味菇等。菇类洗净后先过沸水焯煮，可去除鲜蘑菇中的草酸和异味，提高钙的吸收率。

宝宝说：

软软的、嫩嫩的，刚刚长牙的宝宝吃得香香的。

通便排毒
鸡汁土豆泥

- 营养关键词：氨基酸　黏液蛋白　维生素B$_1$　膳食纤维
- 食　材：土豆半个，无盐无调料鸡汤适量。
- 做　法：
  1. 土豆洗净去皮，切小块，放入碗中，入蒸锅蒸熟。
  2. 蒸熟的土豆趁热压成土豆泥，加入无盐无调料鸡汤适量，搅拌均匀。

专家说

土豆中含有特殊的黏液蛋白和丰富的膳食纤维，可以起到润肠通便的作用，帮助预防宝宝便秘。

铁和花青素 　紫甘蓝米粉

- 营养关键词：铁　钙　蛋白质　花青素
- 食　材：紫甘蓝20克，2段米粉30克，适量配方奶或温开水。
- 做　法：
  1. 紫甘蓝洗净，切细丝，放入沸水中焯熟，捞出，放入研磨碗中碾成泥状。
  2. 2段米粉加适量按比例冲调好的配方奶或温开水调匀，加入紫甘蓝泥搅拌均匀。

 专家说

紫甘蓝含铁丰富，可帮助预防宝宝生理性缺铁性贫血；同时，其富含蛋白质和钙，可以健脑益智，促进骨骼生长；另外紫甘蓝还富含花青素，有助于保护宝宝的视力。

补脾养胃 山药紫薯泥

🍲 营养关键词：蛋白质　黏液蛋白　花青素　硒　铁　膳食纤维

🍲 食　材：山药30克，紫薯20克，少量配方奶或温开水。

🍲 做　法：

❶ 紫薯和山药分别洗净去皮，切薄片。

❷ 将切好的紫薯片和山药片分别放入小盘中，放入蒸锅蒸熟。

❸ 趁热将蒸熟的紫薯和山药混合碾成泥，加入少量冲调好的配方奶或温开水搅拌均匀。

 专家说

山药中所含的能够分解淀粉的淀粉糖化酶，有促进消化的作用。紫薯含有丰富的膳食纤维，可以促进宝宝肠道蠕动，保持大便畅通。山药和紫薯搭配增强了补脾养胃的功效。

宝宝说：
妈妈说，今天吃紫薯，这么漂亮的颜色呀！

暖胃补铁 红薯枣泥小米粥

营养关键词：钙　铁　B族维生素　膳食纤维

食　材：红薯10克，红枣3颗，小米适量。

做　法：

① 红枣洗净，红薯洗净去皮，切小块，将红枣和红薯块分别放入小碗，放蒸锅蒸熟。红枣去皮去核，制成枣泥；红薯用压勺压成红薯泥。小米淘洗干净。

② 锅中加水，放入小米，煮至粥稠米烂，加入制好的枣泥、红薯泥，搅拌均匀，再煮2分钟。

 专家说

小米中富含B族维生素，同时也是养胃佳品。红薯富含膳食纤维，与红枣搭配可以补铁。这款粥味道甜甜的，适合宝宝秋冬季节食用。需要注意的是，红薯和红枣这两种食物本身的味道香甜，不宜添加过多。

宝宝说：
甜甜的小米粥，我都吃光了！

宝宝说:
天气冷我也不怕，因为我有妈妈熬的暖暖的粥。

 增强体质 **胡萝卜鸡肉粥**

📋 营养关键词：蛋白质　胡萝卜素　维生素A

📋 食　材：胡萝卜20克，鸡胸肉20克，大米、淀粉各适量。

📋 做　法：

① 鸡胸肉洗净切薄片，放淀粉略腌，用沸水焯去浮沫，捞出，切碎。

② 胡萝卜洗净去皮，擦成细丝。

③ 大米淘洗干净，加水和擦好的胡萝卜丝煮成粥，粥快煮好时加入切碎的鸡肉末，再煮10分钟。

💗 专家说

鸡肉含蛋白质丰富，好消化，很容易被宝宝身体吸收利用，可以增强宝宝体质、强壮身体。

这款粥适合冬季天气寒冷时给宝宝食用，增强体质，提供每日热量所需。

双豆补血 # 红豆芸豆羹

🍲 营养关键词：蛋白质　铁　膳食纤维

🍲 食　材：芸豆50克，红豆30克。

🍲 做　法：

❶ 芸豆、红豆提前洗净泡发。芸豆剥去外皮。

❷ 红豆、芸豆放入电压力锅中，加适量水，选"煮粥"挡。

❸ 将煮好的红豆和芸豆以及适量豆汤倒入料理机中搅打成糊状。

❤ **专家说** ......

　　芸豆和红豆搭配，增强了补血的功效，预防宝宝贫血，提高抗病能力。制作时红豆保留了外皮，同时保留了外皮中的多种营养元素和膳食纤维，使这款辅食的营养更全面。

补血健脾 # 山药红枣莲子羹

🍲 营养关键词：蛋白质　铁　膳食纤维

🍲 食　材：红枣3个，山药20克，莲子20克。

🍲 做　法：

❶ 干莲子洗净，提前泡开。山药洗净、去皮、切小块。

❷ 锅中放适量水、山药块和莲子煮至软烂。

❸ 红枣洗净，放入蒸锅蒸熟。稍晾凉，去皮、核，取枣泥。

❹ 将煮好的山药和莲子放入料理机中，加少量汤，搅打成稍稠的泥状，加入枣泥拌匀。

❤ **专家说** ......

　　中医认为山药和红枣有健脾益胃、补气养血等作用，莲子补脾养心，这是一道适合宝宝调理身体的甜品。

开胃促食欲 西红柿鸡蛋面

营养关键词：维生素 有机酸 铁 锌

食 材：西红柿半个，鸡蛋1个，宝宝面条20克。

做 法：

❶ 西红柿洗净，放入沸水中烫一下捞出，去皮，切碎。

❷ 鸡蛋将蛋清和蛋黄分离，取适量蛋黄放入碗中打散备用。

❸ 把面条分成1～2厘米的小段备用。

❹ 锅中放适量水，水开后放入分好的宝宝面条和西红柿碎，快煮好时，淋入打散的蛋黄液，稍煮，用筷子搅散蛋花。

 专家说

　　西红柿鸡蛋面是一款经典美食，不仅味道鲜美，营养更全面。西红柿和鸡蛋含有丰富的维生素、矿物质，满足宝宝每日的营养需求。西红柿和鸡蛋的维生素A含量丰富，有助宝宝的视力发育，促进宝宝的骨骼生长。西红柿中的柠檬酸、苹果酸等有机酸有助消化，能够调理宝宝的肠胃功能。

　　宝宝面条也可用自制的面条或面片替换，丰富宝宝的辅食品种。

宝宝说：

红的西红柿，黄的蛋黄花，真漂亮！

提高免疫力

小白菜肉末疙瘩汤

🍲 营养关键词：维生素D　钙　铁

🍲 食　材：小白菜20克，鸡胸肉20克，
面粉、淀粉各适量。

🍲 做　法：

❶ 面粉中分次加适量清水用筷子顺时
针搅动，将面粉搅成细小的面疙瘩。

❷ 鸡胸肉洗净切薄片加淀粉略腌，用
沸水焯熟，放入料理机中搅打成泥。

❸ 小白菜去根洗净，切碎。

❹ 锅中水开后将搅好的小面疙瘩慢慢
拨入水中，放入肉泥和菜末，煮熟。

 专家说

　　小白菜富含矿物质和维生素。鸡肉末
富含蛋白质、铁等营养素。小白菜与鸡肉
末搭配有利于宝宝的生长发育，提高机体
的免疫力。

消食化痰　鱼肉萝卜粥

🍲 营养关键词：蛋白质　多种维生素

🍲 食　材：鳕鱼肉（或其他无刺净鱼
肉）20克，白萝卜20克，大米适量。

🍲 做　法：

❶ 鳕鱼肉洗净放入盘中，放蒸锅蒸
熟，取出后去皮、去刺，放入料理机
中搅打成鱼泥。

❷ 白萝卜洗净去皮擦细丝。

❸ 锅中放水，水开后放入淘洗好的大

米、白萝卜丝，熬煮成粥，放入鱼泥
再煮5分钟。

 专家说

　　鱼肉肉质鲜嫩，是优质蛋白质的重
要来源，并且易被宝宝消化吸收。白萝卜
含有多种维生素，并且中医认为白萝卜有
消食化痰的功效。这款粥适合宝宝秋冬季
食用。

香甜水果餐

开胃润燥 苹果胡萝卜汁

营养关键词：氨基酸　有机酸　胡萝卜素

食　材：苹果半个，胡萝卜20克。

做　法：

❶ 苹果洗净去皮、去核，取半个苹果切小块。胡萝卜洗净去皮，切小块。

❷ 锅内放适量水，加入切好的苹果块、胡萝卜块煮熟。

❸ 将煮好的苹果和胡萝卜及适量汤汁放入料理机中，打成果汁。

💜 专家说

苹果胡萝卜汁可以补充宝宝身体生长发育必需的多种维生素，在干燥的季节里，还可以及时给宝宝的身体补充水分，有开胃润燥的功效。

宝宝稍大后，可以榨取新鲜的果汁让宝宝喝，这样可以保留食物中更多的营养物质。

宝宝说：

哇，香甜的苹果胡萝卜汁，我要多喝点。

滋润肌肤 # 苹果麦片粥

- 营养关键词：维生素A 维生素E 铁 锌
- 食　材：麦片30克，苹果20克。
- 做　法：

❶ 苹果洗净，去皮去核，切小碎丁。

❷ 锅中放水，烧开后加入麦片和切好的苹果丁，边煮边搅拌，至粥稠苹果软烂。

💙 **专家说**

　　麦片中含有较多的维生素A和维生素E，常食可滋润宝宝肌肤，减少湿疹等皮肤病的发生。苹果含有丰富的维生素和水分，与麦片搭配增强了滋润的功效。

强心健体

牛油果香蕉泥

- 营养关键词：蛋白质 钾 镁 钙 维生素E
- 食　材：牛油果1/4个，香蕉1/3根。
- 做　法：

❶ 牛油果洗净，切开，取1/4果肉放入研磨碗中。

❷ 香蕉去皮，取1/3根，取出后与牛油果一同放入研磨碗中，用研磨棒碾成泥状。

💙 **专家说**

　　牛油果中所含的不饱和脂肪酸和香蕉中所含的钾可以促进宝宝的脑部发育，保护心脏。

清甜解暑 西瓜汁

- 营养关键词：维生素　钙
- 食　材：西瓜瓤适量。
- 做　法：

方法一：

西瓜瓤切块，去除西瓜子，捣烂，过滤取汁，加入2倍温开水。

方法二：

西瓜瓤切块，去除西瓜子，加入2倍温开水，用料理机打成西瓜汁。

 专家说

西瓜含有丰富的水分，夏季食用清甜解渴。西瓜还含有丰富的维生素、有机酸、氨基酸、钙、磷、铁等营养成分。西瓜汁具有开胃、助消化、利尿的功效。宝宝皮肤上汗腺发育尚不完善，西瓜中所含的钾元素，能够迅速补充随汗水流失的钾，保证宝宝安然度夏。

宝宝说：

睡醒午觉，喝一杯西瓜汁，真凉快！

健脾通便 火龙果山药泥

🍲 营养关键词：维生素 铁 黏液蛋白 淀粉酶

🍲 食 材：铁棍山药、火龙果各适量。

🍲 做 法：

❶ 山药洗净，切段，放入蒸锅中蒸熟。稍晾凉后去皮，压成山药泥。

❷ 火龙果切块，放入研磨碗内制成火龙果泥。

❸ 将山药泥和火龙果泥混合拌匀。

专家说

山药富含黏液蛋白和淀粉酶，能够促进胃肠道消化。中医认为山药是一种平补脾胃、药食两用的食材。火龙果果肉中的黑籽含丰富的膳食纤维。山药和火龙果搭配有助消化，通便排毒。

补铁之王 樱桃汁

🍲 营养关键词：铁 维生素A 胡萝卜素

🍲 食 材：樱桃100克。

🍲 做 法：

樱桃洗净后去梗、去核。将樱桃净肉放入料理机中，打成果汁，加4倍温开水混合均匀。

专家说

樱桃中铁的含量较高，并且樱桃中的维生素C可以促进铁的吸收和利用。樱桃是宝宝预防生理性缺铁性贫血的佳品。

◎蠕嚼后期——第 8 个月宝宝的辅食制作

辅食特点：细碎、黏稠的末状食物。

☺ 营养美食餐

 补锌强身 **猪肉土豆泥**

☐ 营养关键词：锌 铁 B族维生素

☐ 食 材：猪里脊肉30克，土豆半个，淀粉、无盐无调料高汤各适量。

☐ 做 法：

① 猪里脊肉洗净切薄片，用淀粉略腌，用沸水煮熟，切碎。

② 土豆洗净去皮，切厚片，放入蒸锅蒸熟，取出压成土豆泥。

③ 锅中加高汤，放入切碎的肉末和少量土豆泥，边煮边搅拌，至汤汁变稠。

♥ 专家说 ·······

猪肉中含有丰富的蛋白质和钙、铁、锌，能促进骨骼发育，预防生理性缺铁性贫血。

宝宝说：

我要用刚刚长出的小牙学着"吃"肉！

补血健脑 蛋黄菠菜羹

- 营养关键词：铁　叶酸　胡萝卜素
- 食　材：菠菜20克，鸡蛋1个。
- 做　法：

1. 菠菜洗净，放沸水中焯一下捞出，切碎末。
2. 鸡蛋分离出蛋清，留蛋黄打散备用。
3. 锅中水烧开，放入菠菜末煮软，将打散的蛋黄液淋入锅中，边煮边将蛋液搅散。

专家说

　　菠菜是铁、胡萝卜素、B族维生素的优质来源。同时，菠菜叶酸含量丰富，蛋黄中的卵磷脂丰富，搭配在一起，可促进宝宝脑部生长发育，妈妈应多给宝宝食用。

健脑益智 鸡茸玉米羹

- 营养关键词：蛋白质　B族维生素　膳食纤维
- 食　材：鸡胸肉30克，鲜玉米粒30克，无盐无调料高汤适量。
- 做　法：

1. 鸡胸肉和鲜玉米粒分别洗净剁碎。
2. 锅中放高汤，加入剁碎的鸡胸肉和玉米粒，边煮边将鸡胸肉和玉米粒搅散，煮至肉熟玉米软烂。

专家说

　　玉米含有丰富的谷氨酸，能帮助促进宝宝脑细胞的新陈代谢，让宝宝更聪明。玉米还含有多种维生素、膳食纤维和矿物质。鸡肉与玉米搭配可以健脾开胃，健脑益智。

清热解毒 **南瓜绿豆银耳羹**

- 营养关键词：锌 B族维生素 胡萝卜素 氨基酸
- 食 材：南瓜30克，绿豆20克，银耳1小朵。
- 做 法：

① 绿豆洗净提前泡发；银耳提前泡好，去掉根蒂，撕成小碎丁。

② 南瓜洗净去皮，切小块。

③ 锅内加水，放入绿豆、银耳、南瓜块同煮，煮至南瓜软烂、绿豆开花、汤汁黏稠。

 专家说

夏季天气炎热，宝宝常常出汗，体内锌会随着汗液排出，容易导致缺锌。南瓜和绿豆中都含有"锌"，可以在夏日满足宝宝所需。银耳中含有蛋白质、脂肪和多种氨基酸、矿物质，中医认为银耳能够滋阴润燥，与绿豆、南瓜搭配具有清热解毒的功效，适合宝宝夏季食用。

宝宝说：
妈妈说，吃了
这个不上火。

提高抵抗力 香芋牛奶麦片粥

营养关键词：钙 镁 维生素C 胡萝卜素 黏液蛋白

食 材：芋头20克，麦片30克，配方奶粉适量。

做 法：

❶ 芋头洗净，去皮，切块，放入蒸锅中蒸熟，研磨成泥状。

❷ 锅内加适量水，放入麦片熬煮，边煮边搅拌，煮成稍稠的麦片粥，晾温。

❸ 配方奶粉按比例加温开水冲调，将适量配方奶和芋头泥加入麦片粥中，搅拌均匀。

 专家说

芋头中含有的黏液蛋白，被人体吸收后能产生免疫球蛋白，提高机体的抵抗力。麦片富含蛋白质、磷、铁、钙、食物粗纤维等。

需要注意的是，宝宝出湿疹、荨麻疹或消化不良时不适合食用芋头。

宝宝说：
奶香和芋头的香，真好吃！

养胃补肾　**板栗小米粥**

营养关键词：蛋白质　B族维生素

食　材：板栗5个，小米50克。

做　法：

❶ 板栗去壳去皮，洗净切碎。小米淘洗干净。

❷ 锅中加水，放入小米和切碎的板栗，熬煮至板栗酥软，米汤黏稠。

💜 专家说

　　板栗含丰富的蛋白质、B族维生素等营养物质，能够促进宝宝牙齿、骨骼、血管和肌肉的生长与发育。板栗与小米搭配可以健脾养胃、补肾强筋，增强宝宝的免疫力。

补益强体　**西蓝花牛肉粥**

营养关键词：蛋白质　氨基酸　铁　钙

食　材：西蓝花20克，牛里脊肉20克，大米、淀粉各适量。

做　法：

❶ 牛里脊肉洗净，切薄片，加淀粉略腌，然后用沸水焯一下，捞出切碎。

❷ 西蓝花洗净切碎。大米淘洗干净。

❸ 锅中加水，放入大米，煮至米粒开花。放入切碎的牛肉末和西蓝花，边煮边搅，煮8~10分钟。

专家说

　　牛肉和西蓝花都属于营养全面的食物，都含有丰富的维生素和矿物质，搭配在一起可以增强宝宝的免疫力，补充身体能量。

护眼明目

菠菜鸡肝粥

- 营养关键词：维生素A 铁
- 食 材：鸡肝30克，菠菜、大米、淀粉各适量。
- 做 法：

① 鸡肝洗净，切薄片，加淀粉略腌，放沸水中焯一下，捞出切碎。

② 菠菜洗净，放沸水中焯一下，捞出切碎。大米淘洗干净。

③ 锅中加水，放米熬煮至米粒开花。放入切碎的鸡肝末和菠菜末，边煮边搅拌，煮5分钟。

专家说

鸡肝是宝宝补铁的优质来源。鸡肝中的维生素A含量很高，菠菜中的胡萝卜素含量也很高，胡萝卜素进入人体后可转化为维生素A，丰富的维生素A可使宝宝的眼睛更明亮，且增强身体的免疫力。

营养宝库 紫菜肉末蛋花粥

- 营养关键词：蛋白质 核黄素 维生素B$_{12}$ 钙
- 食 材：紫菜10克，鸡胸肉20克，鸡蛋1个，大米50克。
- 做 法：

① 鸡胸肉洗净切片；紫菜泡发，漂洗干净，切碎；鸡蛋取蛋黄打散备用。

② 鸡胸肉煮熟，切碎。

③ 大米淘洗干净后加水煮成粥，加入紫菜碎、鸡肉末，淋入打散的蛋黄液，边煮边搅拌均匀，煮5分钟。

专家说

紫菜中含有人体必需的氨基酸，与鸡肉搭配提高了这款粥的蛋白质含量。紫菜中的胡萝卜素和核黄素与蛋黄中的维生素A共同促进宝宝视力发育。

给宝宝食用紫菜时应注意要切细碎，易于宝宝消化。

补充钙铁 # 芝麻酱二米粥

☐ 营养关键词：钙　铁　蛋白质　卵磷脂

☐ 食　材：大米和小米共50克，芝麻酱20克。

☐ 做　法：

① 大米和小米淘洗干净。锅中加水，放入淘洗好的大米和小米，煮成粥。

② 芝麻酱放入碗中，加适量凉开水澥开。

③ 将熬好的粥盛入碗中，淋上澥好的芝麻酱。

💜 专家说

　　芝麻酱有很高的营养价值，富含蛋白质、脂肪及多种维生素和矿物质。芝麻酱中丰富的钙、铁有助于宝宝骨骼和牙齿的发育。芝麻酱中丰富的卵磷脂，可促进宝宝脑部神经的发育。

宝宝说：

第一次吃芝麻酱，香香的！

强健身体 胡萝卜山药排骨汤

 营养关键词：维生素　钙　氨基酸

食　材：猪肋排100克，胡萝卜半根，山药50克。

做　法：

① 猪肋排用沸水焯去血沫，捞出。

② 山药、胡萝卜洗净去皮，切块。

③ 汤锅中加水，放入焯好的肋排煮1小时，然后将汤过滤网后备用，取2~3块肋排，去骨留肉，将肉切碎。

④ 取过滤后的汤加入山药块、胡萝卜块，煮至软烂，然后加入切好的肉碎即可。

⑤ 给宝宝喂食时，用小勺子轻压山药块和胡萝卜块，碾成适合宝宝食用的大小。

❤ 专家说

山药含多种维生素、氨基酸和矿物质，胡萝卜中含丰富的维生素A，这些营养元素可以提高宝宝的抗病能力。排骨中丰富的蛋白质和钙质让宝宝的身体更强健。

给宝宝食用排骨汤，喝前需要将汤过滤网，以免宝宝误食骨渣，造成伤害。

宝宝说：

胡萝卜煮在肉汤里，真好吃！

宝宝说：

今天的饭真丰盛，红的、黄的、绿的，营养也多多！

全面营养 **蔬菜牛肉浓汤**

🍲 **营养关键词：** <u>锌</u> <u>铁</u> <u>多种维生素</u> <u>膳食纤维</u>

🍲 **食 材：** 牛里脊肉30克，西红柿半个，土豆半个，芹菜、淀粉适量。

🍲 **做 法：**

 牛里脊肉洗净切薄片，用淀粉略腌，然后用沸水焯一下，捞出切碎。

② 西红柿洗净用热水烫一下，去皮，取半个切碎；土豆洗净去皮，取半个切小丁；芹菜洗净，切碎末。

③ 锅里加适量水，加入切碎的牛肉、西红柿碎、土豆丁、芹菜末，煮至汤浓菜熟。

💗 **专家说** ....

牛肉含有丰富的蛋白质、锌、铁，为宝宝提供每天必需的能量；西红柿中丰富的胡萝卜素、维生素C和B族维生素，有助于宝宝视力及神经系统的发育；土豆中丰富的微量元素、氨基酸、蛋白质满足宝宝每日所需的营养；芹菜丰富的膳食纤维刺激宝宝胃肠蠕动。

这些营养搭配在一起为宝宝提供全面均衡的营养，有助宝宝健康成长。

宝宝说：
绿色的面片？
妈妈是怎么做
的呢？

营养关键词： 蛋白质　维生素A　硒

食　材： 菠菜3颗，西红柿半个，鳕鱼肉一小块，面粉适量。

做　法：

① 菠菜洗净放沸水中烫一下，捞出，然后放入料理机中，加适量水，打成菠菜汁。将打出的菠菜汁过滤。用过滤好的菠菜汁和面，制成绿色小面片。

② 西红柿洗净，放入沸水中烫一下，去皮，取半个西红柿切小丁。

③ 鳕鱼肉洗净切小片。

④ 锅内加水，放入小面片、西红柿丁、鱼肉片，煮至面熟。

专家说

　　鱼肉的蛋白质含量高，还含多种微量元素和维生素，为宝宝提供丰富营养。鱼肉中含有的硒能提高宝宝身体的抵抗力。

多彩面条制作方法

　　除了上面3种蔬菜，番茄、黄瓜、西芹、南瓜、紫薯、苋菜、甜菜根都可以用榨汁机榨汁和面，颜色更鲜艳、更丰富。

优质蛋白 青菜虾仁面

🍲 营养关键词：维生素　蛋白质　钙　钾　磷

🍲 食　材：鲜虾3只，宝宝面条20克，油菜适量。

🍲 做　法：

❶ 鲜虾洗净，去头，去皮，去虾线，切碎；油菜洗净，切碎。宝宝面条掰成1~2厘米的小段。

❷ 锅中加水，放入虾仁碎、油菜碎及宝宝面条。煮至面条软烂。

专家说

青菜虾仁面含有优质蛋白质、多种维生素、人体必需的矿物质及碳水化合物，易于宝宝胃肠的消化和吸收。

低脂高蛋白 鸡肉迷你豆腐丸

专家说

鸡肉和豆腐都含有优质蛋白质和钙。鸡肉含水分较多，肌纤维短，与豆腐结合可使钙的消化吸收率更高。鸡肉还含丰富的维生素、矿物质、烟酸等营养素，可以保护宝宝的肝脏，增强机体免疫力。

🍲 营养关键词：优质蛋白质　钙

🍲 食　材：鸡胸肉30克，豆腐10克，胡萝卜少许。

🍲 做　法：

❶ 鸡胸肉洗净，去油脂和筋膜，剁成泥；豆腐洗净压成泥。

❷ 胡萝卜洗净去皮，切片，放入蒸锅蒸熟，趁热取出碾碎。

❸ 将鸡肉泥、豆腐泥和胡萝卜泥混合均匀，捏成同样大小的小球，码入盘中，将盘放入蒸锅蒸20分钟即可。

香甜水果餐

 润肠助消化 **木瓜泥**

营养关键词：蛋白酶　维生素A　维生素C　膳食纤维

食　材：木瓜1/4个。

做　法：

木瓜洗净，从中切开，用勺挖出果肉，放入碗中，放入蒸锅。水开后蒸5分钟即可。宝宝稍大后可以直接吃制好的新鲜果泥，不需蒸制。

♥ 专家说

木瓜中含有一种叫作木瓜蛋白酶的物质，能够帮助宝宝消化。木瓜还含有丰富的维生素A、维生素C，能增强宝宝身体的免疫力，保护宝宝的皮肤。木瓜丰富的纤维素还可促进宝宝肠蠕动，促进排便，预防便秘。

宝宝说：
原来今天吃木瓜。

消食养胃 苹果胡萝卜小米粥

📋 营养关键词：果胶　维生素A　维生素C
B族维生素

📋 食　材：苹果1/4个，胡萝卜1/4根，小米20克。

📋 做　法：

① 苹果去皮去核，切碎。胡萝卜去皮，切碎。

② 小米淘洗干净，加入适量水和切碎的苹果、
胡萝卜煮20分钟。

❤ 专家说

　　苹果、胡萝卜一同煮水，食用后可消食健脾，还有止泻的功效。小米粥含有B族维生素和
胡萝卜素，有助神经系统发育，提高抗病能力。苹果、胡萝卜和小米一起制作可以养胃健脾，
对宝宝的肠胃进行调理。

双份钙质 橙味鱼肉蒸蛋

📋 营养关键词：钙　铁　蛋白质　磷

📋 食　材：橙子1个，鸡蛋1个，鳕鱼净肉10克，柠檬半个。

📋 做　法：

① 橙子从顶部切开，盖子留备后用。用勺挖出里面的果肉，榨橙汁。

② 鸡蛋洗净，磕开，用分蛋器分离，取生蛋黄。

③ 鳕鱼洗净，挤几滴柠檬汁，放入蒸锅内蒸熟，趁热碾碎。

④ 将碎鱼肉和生蛋黄混合，加入适量榨好的橙汁，混合拌匀。将混合好的鱼肉蛋黄
倒入橙子壳里，固定在碗中盖上盖子，放入蒸锅。水开后中火蒸10分钟即可。

❤ 专家说

　　鳕鱼富含优质蛋白质和ＤＨＡ、
ＥＰＡ，还含有钙、磷等矿物质。橙子含有
丰富的钙质和维生素，抗氧化物质含量
也很高，可以强化免疫系统，提高抗病
能力。

健脑益智 **火龙果蛋羹**

🍲 营养关键词：卵磷脂 胆固醇 钙 磷 铁 多种维生素

🍲 食 材：生蛋黄1个，火龙果1/4个。

🍲 做 法：

① 生蛋黄放入碗中打散，加适量凉开水搅匀，盖上盖放入蒸锅，中火蒸8~10分钟。

② 火龙果去皮，取1/4果肉切小块，放到蒸好的蛋羹上。

💗 专家说

蛋黄和火龙果中铁的含量较高，可以预防缺铁性贫血。宝宝添加蛋黄成功后，应每日食用一个蛋黄，蛋黄中的卵磷脂能够促进宝宝大脑发育，增强记忆力。

宝宝说：

有水果的蛋羹。

开胃防便秘 猕猴桃奶昔

 营养关键词： 钙　钾　镁　叶酸　维生素A　维生素C　胡萝卜素　膳食纤维

食　　材： 猕猴桃1个，配方奶适量。

做　　法：

① 猕猴桃去皮，切成小块。

② 配方奶按比例冲调好。

③ 将冲调好的配方奶和猕猴桃块一起放入料理机中，搅打成泥状。

💜 **专家说**

　　猕猴桃是一种营养密度较高的水果，非常适合宝宝食用。猕猴桃中维生素C含量高于其他水果，酸酸的口感能够开胃增食欲。猕猴桃果肉中含丰富的膳食纤维，可促进肠蠕动，预防宝宝便秘。

宝宝说：
奶昔虽然好喝，
可不能多喝。

蠕嚼期宝宝辅食食材选择

蠕嚼期宝宝可以选择的食材越来越多，味道更丰富了。五谷根茎类除强化米粉外可以加少量由面粉、大米等自制的食物，如面片、米粥等。肉类除鸡肉外，可以加入瘦牛肉、瘦猪肉，添加无异常反应后，可以加入少量鱼肉类。蛋类依然为鸡蛋黄。蔬菜类除避免苦味、涩味以及口感较硬的蔬菜，大部分都可以食用了。妈妈们也要特别注意观察宝宝进食后的反应，避免过敏反应。蔬菜还需要制熟后给宝宝食用。

◎ 春季推荐添加食物

春季应为宝宝提供身体生长发育所需的营养，所以要多添加含优质蛋白质的食物，如瘦肉类、奶制品等。在这个季节，钙、锌、铁等矿物质对宝宝的骨骼和牙齿发育也至关重要，所以蛋黄、动物肝脏、豆制品这些食物要及时添加。

坚果类食物富含不饱和脂肪酸，有益大脑发育，在春季可给宝宝适量食用。添加时先少量食用，注意观察宝宝的身体反应，确定无异常过敏反应后再继续添加。可将坚果类食物中温烘炒后磨成粉，放入汤粥、面食中。

来 源	营 养	食 材
谷物类（主食）	能量	婴儿强化铁米粉、大米、小米、玉米、麦片、面粉
肉、蛋	蛋白质、矿物质	鸡肉、瘦牛肉、瘦猪肉、净鱼肉、鸡肝、猪肝、蛋黄
豆类及豆制品	蛋白质、矿物质	红豆、绿豆、软豆腐
蔬菜	维生素、矿物质、膳食纤维	胡萝卜、白萝卜、薯类 南瓜、黄瓜、冬瓜、西葫芦 菠菜、油菜、白菜、卷心菜、小白菜、羽衣甘蓝、芥蓝、荠菜 西蓝花、菜花、西红柿、豌豆 银耳、蘑菇
水果		苹果、草莓、樱桃、猕猴桃、牛油果、红枣
坚果	脂肪、矿物质	芝麻、核桃、花生

◎夏季推荐添加食物

夏季继续保证优质蛋白质的摄入，饮食应清淡，注意补水。瓜果蔬菜含水分多，也可以与肉类搭配制成祛暑的食物。夏季温度高，食物宜变质，宝宝的食物应现做现吃，保证新鲜安全。

来源	营养	食材
谷物类（主食）	能量	婴儿强化铁米粉、大米、小米、玉米、麦片、面粉
肉、蛋	蛋白质、矿物质	鸡肉、瘦牛肉、瘦猪肉、净鱼肉、鸡肝、猪肝、蛋黄
豆类及豆制品	蛋白质、矿物质	红豆、绿豆、软豆腐
蔬菜	维生素、矿物质、膳食纤维	胡萝卜、白萝卜、薯类 南瓜、黄瓜、冬瓜、丝瓜、西葫芦、苦瓜 菠菜、油菜、白菜、卷心菜、小白菜、羽衣甘蓝、芥蓝、荠菜、盖菜 西蓝花、菜花、西红柿、豌豆 银耳、蘑菇、香菇
水果		苹果、木瓜、西瓜、葡萄、桃、红枣
坚果	脂肪、矿物质	芝麻、核桃、花生

◎秋季推荐添加食物

秋季天气干燥，应多提供富含维生素的食物，与肉类、蛋类搭配食用，保证每日足够的摄入量，增强宝宝的抗病能力。

来 源	营 养	食 材
谷物类（主食）	能量	婴儿强化铁米粉、大米、小米、玉米、麦片、面粉
肉、蛋	蛋白质、矿物质	鸡肉、瘦牛肉、瘦猪肉、净鱼肉、鸡肝、猪肝、蛋黄
豆类及豆制品	蛋白质、矿物质	红豆、绿豆、软豆腐
蔬菜	维生素、矿物质、膳食纤维	胡萝卜、白萝卜、薯类 南瓜、黄瓜、冬瓜、丝瓜、西葫芦 菠菜、油菜、白菜、芹菜、卷心菜、小白菜、羽衣甘蓝、芥蓝、荠菜 西蓝花、菜花、西红柿、豌豆 银耳、蘑菇、紫菜
水果		苹果、梨、橙子、橘子、香蕉、猕猴桃、红枣、山楂、石榴
坚果	脂肪、矿物质	芝麻、核桃、花生、栗子、松子

◎ 冬季推荐添加食物

冬季天气寒冷，可以将谷物主食与肉蛋类或蔬菜类搭配制成温热的汤粥，或将热量高的根茎类蔬菜（如薯类）替换谷物主食与肉蛋搭配，达到更好的御寒功效，保证宝宝对蛋白质的摄入，为机体的生长发育储存足够的营养。

来 源	营 养	食 材
谷物类（主食）	能量	婴儿强化铁米粉、大米、小米、玉米、麦片、面粉
肉、蛋	蛋白质、矿物质	鸡肉、瘦牛肉、瘦猪肉、净鱼肉、鸡肝、猪肝、蛋黄、虾仁
豆类及豆制品	蛋白质、矿物质	红豆、绿豆、软豆腐
蔬菜	维生素、矿物质、膳食纤维	胡萝卜、白萝卜、薯类 南瓜、冬瓜 菠菜、油菜、白菜、卷心菜、小白菜、羽衣甘蓝、芥蓝、荠菜 西蓝花、菜花、西红柿、豌豆 银耳、蘑菇
水果		苹果、猕猴桃、橙子、香蕉、火龙果、梨、蓝莓、红枣
坚果	脂肪、矿物质	芝麻、核桃、花生、松子

◎蠕嚼期宝宝辅食配餐

春季1周辅食配餐

餐次 周次	第1顿	第2顿	第3顿	第4顿	第5顿	第6顿
周一	母乳或配方奶	母乳或配方奶	米粉糊 + 西红柿鸡肝泥	母乳或配方奶	苹果麦片粥 + 蛋黄豆腐羹	母乳或配方奶
周二	母乳或配方奶	母乳或配方奶	胡萝卜鸡肉粥 + 木瓜泥	母乳或配方奶	紫甘蓝米粉 + 蛋黄菠菜羹	母乳或配方奶
周三	母乳或配方奶	母乳或配方奶	火龙果蛋羹 + 米粉糊	母乳或配方奶	鸡汁迷你豆腐丸 + 紫菜肉末蛋 花粥	母乳或配方奶
周四	母乳或配方奶	母乳或配方奶	鸡汁土豆泥 + 苹果米糊	母乳或配方奶	红枣蛋黄泥 + 西红柿鸡蛋面	母乳或配方奶
周五	母乳或配方奶	母乳或配方奶	猪肉土豆泥 + 青菜米粉糊	母乳或配方奶	鱼肉菠菜面片 + 牛油果香蕉泥	母乳或配方奶
周六	母乳或配方奶	母乳或配方奶	橙味鱼肉蒸蛋 + 小白菜肉末疙瘩汤	母乳或配方奶	板栗小米粥 + 苹果红薯泥	母乳或配方奶
周日	母乳或配方奶	母乳或配方奶	西蓝花牛肉粥 + 香蕉泥	母乳或配方奶	山药紫薯泥 + 菠菜鸡肝粥	母乳或配方奶

夏季1周辅食配餐

餐次 周次	第1顿	第2顿	第3顿	第4顿	第5顿	第6顿
周一	母乳或 配方奶	母乳或 配方奶	紫甘蓝米粉 + 橙味鱼肉蒸蛋	母乳或 配方奶	蔬菜牛肉浓汤 + 口蘑豆腐羹	母乳或 配方奶
周二	母乳或 配方奶	母乳或 配方奶	胡萝卜鸡肝泥 + 蛋黄菠菜羹	母乳或 配方奶	苹果麦片粥 + 桃泥	母乳或 配方奶
周三	母乳或 配方奶	母乳或 配方奶	菠菜鸡肝粥 + 红豆芸豆羹	母乳或 配方奶	芝麻酱二米粥 + 鳕鱼豆腐泥	母乳或 配方奶
周四	母乳或 配方奶	母乳或 配方奶	鸡茸玉米羹 + 火龙果山药泥	母乳或 配方奶	鱼肉萝卜粥 + 蛋黄菠菜羹	母乳或 配方奶
周五	母乳或 配方奶	母乳或 配方奶	胡萝卜山药排骨汤 + 香芋牛奶麦片粥	母乳或 配方奶	西蓝花牛肉粥 + 猪肉土豆泥	母乳或 配方奶
周六	母乳或 配方奶	母乳或 配方奶	西红柿鸡肝泥 + 鱼肉菠菜面片	母乳或 配方奶	胡萝卜鸡肉粥 + 橙味鱼肉蒸蛋	母乳或 配方奶
周日	母乳或 配方奶	母乳或 配方奶	鸡茸玉米羹 + 木瓜泥	母乳或 配方奶	青菜虾仁面 + 山药红枣莲子羹	母乳或 配方奶

秋季1周辅食配餐

周次\餐次	第1顿	第2顿	第3顿	第4顿	第5顿	第6顿
周一	母乳或配方奶	母乳或配方奶	小白菜肉末疙瘩汤 + 香蕉蛋黄泥	母乳或配方奶	南瓜绿豆银耳羹 + 西蓝花牛肉粥	母乳或配方奶
周二	母乳或配方奶	母乳或配方奶	板栗小米粥 + 西红柿鸡肝泥	母乳或配方奶	苹果麦片粥 + 红枣蛋黄泥	母乳或配方奶
周三	母乳或配方奶	母乳或配方奶	青菜虾仁面 + 火龙果山药泥	母乳或配方奶	鸡汁迷你豆腐丸 + 蛋黄菠菜羹	母乳或配方奶
周四	母乳或配方奶	母乳或配方奶	紫菜肉末蛋花粥 + 红豆芸豆羹	母乳或配方奶	胡萝卜鸡肝泥 + 山药红枣莲子羹	母乳或配方奶
周五	母乳或配方奶	母乳或配方奶	紫甘蓝米粉 + 鳕鱼豆腐泥	母乳或配方奶	鸡茸玉米羹 + 火龙果蛋羹	母乳或配方奶
周六	母乳或配方奶	母乳或配方奶	红薯枣泥小米粥 + 蛋黄菠菜羹	母乳或配方奶	口蘑豆腐羹 + 板栗小米粥	母乳或配方奶
周日	母乳或配方奶	母乳或配方奶	胡萝卜山药排骨汤 + 芝麻酱二米粥	母乳或配方奶	青菜虾仁面 + 蛋黄豆腐羹	母乳或配方奶

冬季1周辅食配餐

餐次 / 周次	第1顿	第2顿	第3顿	第4顿	第5顿	第6顿
周一	母乳或配方奶	母乳或配方奶	红薯枣泥小米粥 + 蛋黄菠菜羹	母乳或配方奶	蔬菜牛肉浓汤 + 紫甘蓝米粉	母乳或配方奶
周二	母乳或配方奶	母乳或配方奶	鸡汁土豆泥 + 小白菜肉末疙瘩汤	母乳或配方奶	红枣蛋黄泥 + 苹果胡萝卜小米粥	母乳或配方奶
周三	母乳或配方奶	母乳或配方奶	蛋黄豆腐羹 + 西蓝花牛肉粥	母乳或配方奶	胡萝卜鸡肉粥 + 牛油果香蕉泥	母乳或配方奶
周四	母乳或配方奶	母乳或配方奶	鳕鱼豆腐泥 + 板栗小米粥	母乳或配方奶	西红柿鸡蛋面 + 山药紫薯泥	母乳或配方奶
周五	母乳或配方奶	母乳或配方奶	蔬菜牛肉浓汤 + 苹果胡萝卜小米粥	母乳或配方奶	菠菜鸡肝粥 + 火龙果蛋羹	母乳或配方奶
周六	母乳或配方奶	母乳或配方奶	西蓝花牛肉粥 + 木瓜泥	母乳或配方奶	鸡汁迷你豆腐丸 + 西红柿鸡蛋面	母乳或配方奶
周日	母乳或配方奶	母乳或配方奶	鱼肉萝卜粥 + 蛋黄豆腐羹	母乳或配方奶	青菜虾仁面 + 红豆芸豆羹	母乳或配方奶

细嚼期辅食（9～11个月宝宝）

主食： 母乳喂养继续按需哺乳；混合喂养或配方奶喂养保证每天600～800毫升奶量。

辅食性状： 适合细嚼期，可以用牙龈咀嚼的小颗粒状辅食。

辅食内容： 无过敏反应的已添加过的食材进行搭配组合，混合菜肉的粥、面、羹、软饭等。

随着宝宝身体的发育和大动作的发展，这个时期的宝宝从辅食中获取营养的需求量更大了，需要更均衡全面的营养。要做到"均衡营养"，每日应保证奶、主食、肉、蛋、豆制品、菜、水果等食材种类的摄取，以动物性食物的摄取为主，搭配一定量的谷类食物和蔬菜水果。

辅食量： 每日添加辅食3餐。

特别营养： 全面均衡营养；膳食纤维；铁；钙。

进餐习惯： 自己取食食物。

细嚼期标志

- 第9个月龄
- 吃饭时嘴巴活动能力加强，舌头可以前后、上下、左右灵活活动
- 食用块状食物时会用牙龈咀嚼食物
- 会用手抓取食物

细嚼期一日辅食添加参考时间

早餐：母乳或配方奶+蛋羹（蛋羹中轮流添加肉、鱼、蔬菜、水果）

加餐：母乳或配方奶

午餐：软饭、馅类面食、粥、汤、菜

加餐：母乳或配方奶+水果

晚餐：馅类面食、粥、汤、菜

睡前：母乳或配方奶

用手抓食物——促进发育的进食方法

● 宝宝越来越不满足大人给他喂食，很多时候伸出小手用手抓食物来吃。看起来宝宝像在"捣乱"，其实他们是在通过"用手抓食物吃"，亲自触摸食物，感知食物的性状，学习吃东西。这是宝宝可贵的"学习过程"，家长要尽可能给宝宝自由，帮助宝宝通过触摸提高感官的发展，促进宝宝脑部发育。手部抓取食物的精细动作练习可以为1岁之后使用勺子做准备。

● 在细嚼期，宝宝开始学习用牙龈磨碎食物，妈妈们可以给宝宝准备安全的磨牙饼干、煮熟的胡萝卜条，让宝宝自己用手拿，练习自己吃东西。

◎细嚼前期——第9个月宝宝的辅食制作

辅食特点： 保持小块状，口感同香蕉的软硬度，可以用牙龈弄碎。

☺ 营养美食餐

开胃强身 **西红柿南瓜疙瘩汤**

 营养关键词： 维生素A 胡萝卜素
氨基酸 锌

🍲 **食 材：** 南瓜30克，西红柿半个，鸡
蛋1个，全麦面粉适量。

🍲 **做 法：**

❶ 面粉分次少量加水，用筷子搅成细
小的面疙瘩。

❷ 南瓜去皮，切小块蒸熟，取一半压

制成泥，另一半备用。西红柿洗净用
沸水烫一下，去皮，切小丁。鸡蛋磕
开，分离蛋白，留蛋黄打散备用。

❸ 锅中加水，加入制好的南瓜泥，
边煮边搅拌，至南瓜泥全部化开。放
入面疙瘩、西红柿丁、蒸熟的南瓜块
同煮。食材快煮熟时淋入打散的蛋黄
液，至蛋黄液凝固。

💗 **专家说**

南瓜富含胡萝卜素、氨基酸、锌等营养成分，可提高免疫力，促进宝宝生长发育。西红
柿和蛋黄的加入丰富了疙瘩汤的味道，增加了营养。

妈妈为宝宝选购面粉时尽量选择全麦面粉，精制白面在制作过程中将麦仁表皮反复磨
制，麦仁最外层的营养物质B族维生素、膳食纤维等流失很多。

宝宝说：

我要都吃光！

暖胃生津

鸡汤娃娃菜

🍲 营养关键词：蛋白质　铁　叶酸　维生素

🍲 食　材：鸡1只，娃娃菜菜心1个。

🍲 做　法：

❶ 整只鸡洗净，去掉头、屁股、脚趾和肥油脂，加水煮开，焯去血沫和杂质，捞出。取汤锅，加足量的水，放入焯好的鸡和三片生姜，大火烧开，然后小火熬煮1小时。煮好后将鸡汤过滤，取鸡胸或鸡腿上的肉，切碎备用。

❷ 将娃娃菜菜心的叶片洗净切细丝。

❸ 将过滤后的鸡汤放入锅中，加娃娃菜丝、切碎的鸡肉同煮10分钟。

专家说 ········

娃娃菜富含维生素A、维生素C、B族维生素、钾、硒等营养素。娃娃菜中钙的含量较高，可以促进宝宝骨骼发育。娃娃菜与鸡肉汤搭配含丰富的蛋白质和水分，适合在秋冬干燥季节给宝宝食用。

补脾润燥　# 红豆银耳莲子羹

专家说 ········

中医认为莲子有补脾安神的功效，红豆可以预防宝宝贫血。秋冬季节天气干燥，这款汤羹补脾开胃、清热润燥，让宝宝少生病。

🍲 营养关键词：蛋白质　B族维生素　铁　钙　磷

🍲 食　材：红豆20克，莲子10克，银耳2小朵。

🍲 做　法：

❶ 红豆、莲子洗净提前浸泡；银耳提前泡发，清洗干净，去掉根蒂，撕成小片。

❷ 锅内加水，放入泡好的红豆、莲子、银耳，煮至红豆酥烂、莲子软糯、银耳黏稠。

全面营养 西蓝花鲜虾球

 营养关键词：蛋白质　维生素

食　材：鲜虾3只，西蓝花、面粉适量。

做　法：

① 鲜虾洗净，去头，去皮，去虾线。

② 西蓝花洗净，用沸水焯一下，捞出。

③ 将虾仁、西蓝花、面粉放入料理机中，搅打成碎粒。将搅打好的原料制成大小相同的球状。

④ 锅内放水，烧开，将制好的虾球放入水中，煮至虾肉变色，虾球浮起，捞出。

♥ 专家说

西蓝花的清香搭配虾仁的鲜香，红白之间点缀翠绿，从嗅觉和视觉上均促进宝宝食欲。

西蓝花富含维生素，其中维生素A的含量较高，有助于宝宝视力的发育。西蓝花还含有丰富的钙、磷、铁、钾、锌、锰等矿物质。虾仁含有丰富的蛋白质、矿物质和维生素。两种食材搭配营养全面均衡，是一款优质辅食。

宝宝说：

今天吃好吃的花菜。

益智护眼 西红柿三文鱼麦片粥

营养关键词：DHA EPA 蛋白质 膳食纤维

食　　材：三文鱼30克，西红柿半个，麦片20克。

做　　法：

① 三文鱼洗净入蒸锅蒸熟，切小丁。

② 西红柿洗净，入沸水烫一下去皮，取半个西红柿切小丁。

③ 锅中放水，加入麦片、三文鱼丁、西红柿丁煮5分钟。

专家说

三文鱼含有丰富优质蛋白和DHA、EPA，可促进宝宝脑部神经细胞发育和视觉发育。麦片含有丰富的膳食纤维，可促进宝宝消化和保持肠道内微生态平衡。再加上西红柿酸甜的味道，更增加了这款粥的营养和美味。

驱风散寒 白萝卜香菜粥

营养关键词：胡萝卜素 钙 铁

食　　材：白萝卜20克，香菜10克，大米20克。

做　　法：

① 白萝卜洗净，去皮切丝；香菜洗净，切碎；大米淘洗干净。

② 锅内放水，加入大米、白萝卜丝熬煮成粥，放入香菜碎再煮片刻。

专家说

中医认为香菜有清热解表、驱风散寒的功效，白萝卜能够清热消食。两种食材搭配清内热散风寒，适合宝宝感冒初起及食欲不好时食用。

预防便秘 油菜蘑菇面

 营养关键词：钙　铁　膳食纤维

食　材：油菜30克，香菇10克，宝宝面条20克。

做　法：

① 油菜洗净，切碎；香菇去蒂，洗净切碎；宝宝面条掰成2厘米小段。

② 锅内放适量水，加入油菜碎、香菇碎和面条，煮熟。

专家说

　　油菜中的钙、铁、维生素C、胡萝卜素含量都很丰富，其所含的维生素C比大白菜高1倍多，可以提高宝宝的免疫力。油菜中还含有大量的膳食纤维，能促进肠道蠕动，预防宝宝便秘。

宝宝说：

不能只吃肉，也要爱上吃蔬菜！

宝宝说：
香芋粥，怎么没有小鱼的味道？

 含氟护牙 **香芋紫米羹**

- 营养关键词：矿物质 氟
- 食 材：香芋20克，紫米10克，糯米10克。
- 做 法：

① 香芋洗净，去皮，切片，放入蒸锅蒸熟，用勺压碎成小颗粒。

② 紫米、糯米淘洗干净，提前浸泡2小时，加入适量水熬煮至米烂开花。

③ 将香芋碎放入熬好的紫米粥中，边煮边搅，煮8~10分钟。

❤ 专家说

香芋含氟较高，有洁齿防龋的作用，宝宝此时正处于萌牙期，除正常的乳牙护理外，还要多食用有助牙齿萌出和保护乳牙的食物。

紫米和糯米搭配在一起煮粥，煮出的粥更黏稠。给宝宝食用的紫米，煮制时间宜稍长一些，将米煮烂开花，以免增加宝宝肠胃消化的负担。

宝宝说：
纺纺的草莓酸酸甜甜。

润肺生津 草莓山药粥

🍲 营养关键词：维生素C　胡萝卜素

🍲 食　材：草莓20克，山药20克，麦片20克。

🍲 做　法：

1. 山药洗净，切段，放入蒸锅蒸熟，去皮，用勺碾碎。

2. 草莓洗净，去蒂，切成小颗粒。

3. 锅内加水烧开，放入麦片和山药碎，边煮边搅，煮至粥熟，稍晾，放入切碎的草莓搅拌均匀。

💛 **专家说**

　　中医认为白色入肺，山药有润肺的功效；草莓含维生素C和胡萝卜素，口味酸甜，有生津润燥的功效。两种食材与麦片搭配提高了维生素的摄入量，营养更全面均衡。

　　大多数维生素不耐高温，过高的温度会造成营养素的流失，草莓用过高温度煮制会增加草莓的酸度，影响口感。因此，可以在粥煮好稍晾后再加入鲜草莓粒，保持草莓的酸甜味道。此方法也适用于其他水果粥。

补血养肝 红枣猪肝蒸蛋羹

🍲 营养关键词：铁　维生素A　卵磷脂

🍲 食　材：红枣2个，猪肝30克，鸡蛋1个，淀粉适量。

🍲 做　法：

❶ 红枣用软刷轻刷表皮褶皱，放入碗中蒸熟，去皮、去核，制成枣泥。

❷ 猪肝洗净在水中浸泡30分钟，切薄片，加入淀粉拌匀，用沸水焯烫至变色，捞出切碎。

❸ 鸡蛋洗净，取蛋黄放入碗中打散，加入适量凉开水、猪肝碎和红枣泥，搅拌均匀，盖盖，放入蒸锅蒸熟。

专家说

　　猪肝与红枣搭配含铁丰富，可以帮助预防宝宝贫血，护肝明目。

清热祛火 丝瓜虾皮面

🍲 营养关键词：蛋白质　维生素B_1　钙

🍲 食　材：丝瓜半根，鸡蛋1个，无盐虾皮、宝宝面条适量。

🍲 做　法：

❶ 丝瓜洗净去皮，切片；虾皮洗净挤干水分；宝宝面条分小段。

❷ 鸡蛋洗净磕开，分离蛋白，留蛋黄打散备用。

❸ 锅中加水，放入宝宝面条、丝瓜片、虾皮，煮至面条熟。淋入蛋黄液，煮至蛋黄液凝固。

专家说

　　丝瓜富含蛋白质、脂肪、碳水化合物、钙、磷、铁及维生素B_1、维生素C，还含有植物黏液、木糖胶、丝瓜苦味质、瓜氨酸等营养成分。丝瓜水分充足，夏季食用可以及时补充体内因出汗流失的水分。

健脑益智 芦笋胡萝卜面

 营养关键词：硒 锌 氨基酸 叶酸

食 材：芦笋20克，胡萝卜20克，鲜虾2只，宝宝面条适量。

做 法：

❶ 鲜虾洗净，去头去皮，去虾线，用沸水焯一下，捞出，切成小颗粒。

❷ 胡萝卜洗净去皮，切短细丝；芦笋洗净取嫩的部分切末；宝宝面条分小段。

❸ 锅内放水，烧开后加入胡萝卜细丝、虾仁碎、宝宝面条，煮至面条软熟，放入芦笋碎，关火，盖锅盖稍焖。

专家说

芦笋含有丰富的维生素B、维生素A、叶酸、硒、铁、锰、锌以及人体所必需的氨基酸等营养素。丰富的叶酸可以帮助宝宝完善神经系统的发育，让宝宝更聪明。

含叶酸丰富的蔬菜购买后应及时食用，缩短烹饪加热时间，尽可能减少叶酸的流失。

宝宝说：
妈妈说这是让我聪明的面条！

解热利尿 冬瓜排骨面

宝宝说：
冬瓜为什么在夏天
要多吃呢？

营养关键词：蛋白质　碳水化合物　维生素

食　材：冬瓜30克，姜2片，宝宝面条20克，排骨适量。

做　法：

❶ 排骨洗净，过沸水焯去血沫。锅中放水，加入焯好的排骨、姜片，煮1小时。排骨捞出，去骨取肉切碎。排骨汤过滤取汤，备用。

❷ 冬瓜洗净，去皮去瓤，切小碎粒。宝宝面条分小段。

❸ 锅内放入过滤后的排骨汤，加入切碎的冬瓜、排骨肉和面条，煮至面熟冬瓜软烂。

 专家说

　　冬瓜含碳水化合物、钙、磷、铁及多种维生素，可以调节人体的代谢平衡，解渴消暑，利尿排毒，非常适合在夏季给宝宝食用。

　　排骨的脂肪含量相对较高，冬瓜和排骨搭配可以平衡脂肪的摄入，保护宝宝的肠胃。

预防感冒 鸡汤双花面

营养关键词：锌 维生素C 维生素K

食 材：菜花20克，西蓝花20克，宝宝面条20克，无盐无调料过滤后的鸡汤适量。

做 法：

① 菜花和西蓝花洗净，切碎粒。过沸水焯一下，捞出备用。宝宝面条分小段备用。

② 锅内放入适量鸡汤，放入菜花和西蓝花碎粒，煮至软烂。

③ 另取一锅，放入清水烧开，放入宝宝面条煮熟，捞出，放入煮好的菜花鸡汤中拌匀。

专家说

菜花和西蓝花都含有蛋白质、脂肪、磷、铁、胡萝卜素、维生素B₁、维生素B₂、维生素C、维生素A等营养素。常食可以提高宝宝机体的免疫力，防止感冒的发生。

用清鸡汤搭配双花可以丰富味道，促进宝宝的食欲。

宝宝说：

今天吃了两种花，白花、绿花都好吃。

香甜水果餐

 润肺止咳 # 雪梨银耳小米粥

🍲 营养关键词：维生素B　果胶　硒　多糖

🍲 食　材：雪梨半个，银耳10克，小米50克。

🍲 做　法：

① 银耳提前泡发，去蒂，撕成小片；雪梨洗净去核，切丁。

② 小米淘洗干净，放入锅中，加适量清水，加入银耳、雪梨丁，煮成粥。

💜 **专家说**

　　银耳含有能够增强机体免疫力的硒和多糖类物质，且富含天然植物性胶质，有滋阴的功效，和雪梨搭配有很好的生津润燥、化痰止咳的作用，适合在秋冬干燥的季节给宝宝食用。

宝宝说：

小米粥里的银耳像一朵朵小花瓣。

生津润肺 金橘雪梨水

🍲 营养关键词：果胶　维生素C　胡萝卜素 膳食纤维

🍲 食　材：雪梨半个，金橘5个。

🍲 做　法：

① 金橘用软刷轻刷表面后冲洗干净，用盐水泡10分钟。控干水分，切片。

② 雪梨洗净，去皮，切块。

③ 锅内放入清水，加入金橘片和雪梨块，大火烧开，小火煮30分钟。

❤ 专家说

金橘性甘温，有止咳、利咽、生津的作用，雪梨清热润肺、止咳化痰，金橘雪梨同时煮水润肺效果更强。

开胃健脾 橙汁山药

🍲 营养关键词：钙　钾　黏液蛋白　维生素

🍲 食　材：山药1/4根，橙子1个。

🍲 做　法：

① 山药洗净，切段，放入蒸锅中蒸熟。稍晾凉，去皮，切小片码放在盘中。

② 橙子去皮，放入果汁机中榨汁。将榨出的橙汁浇到山药上。

 专家说

山药含有丰富的维生素和矿物质，尤其钾的含量较高。山药中所含的大量黏液蛋白是一种多糖蛋白质的混合物，对人体具有滋补作用，能够强健机体、健脾益胃。

橙汁含钙和维生素C较多，与山药搭配提高了菜品的维生素含量，味道香甜，提高食欲。

肠道排毒 百香火龙果

 营养关键词：蛋白质　钙　磷　铁　维生素A　维生素B$_1$　维生素B$_2$　维生素C

 食　材：火龙果半个，百香果1个。

 做　法：

❶ 火龙果清洗干净，竖向从中间切开。取半个火龙果，用勺挖出果肉，留下半个空皮碗备用。将果肉切小块，装入半个空皮碗中。

❷ 百香果切开，取出果肉和果汁，过滤取汁。将百香果汁淋在火龙果上。

专家说

　　火龙果含有蛋白质、膳食纤维、维生素B$_2$、维生素B$_3$、维生素C、铁、磷、镁、钾等营养物质。火龙果果肉中的黑色籽粒有助于肠道蠕动，润肠通便。

　　百香果和火龙果搭配能提高宝宝的抗病能力，促进宝宝肠道蠕动，排除毒素，防止便秘。

宝宝说：

看，火龙果小船。

补血护肤
苹果红枣银耳露

🍲 营养关键词：铁 维生素A 维生素B₁ 维生素B₂ 维生素C 胶原蛋白

🍲 食 材：苹果半个，红枣2个，银耳10克。

🍲 做 法：

1. 银耳泡发，去除黄蒂，洗净切碎。
2. 红枣冲洗干净，去核，切碎。
3. 苹果洗净，去皮去核，切小块。
4. 将所有食材放入无渣豆浆机中，选"果茶"程序（或其他适合挡位）。

💜 专家说 ……………………

苹果具有生津止渴、润肺除烦、健脾益胃、养心益气等作用。银耳中富含胶质，可以润泽肌肤，还有养阴清热、润燥的功效。红枣健脾益胃，补气养血，还可以增强人体免疫力。

提高抵抗力 香蕉草莓奶昔

🍲 营养关键词：钙 钾 镁 磷 维生素A 维生素B₁ 维生素B₂ 维生素C

🍲 食 材：香蕉半根，草莓3个，配方奶粉适量。

🍲 做 法：

1. 草莓洗净，用淡盐水泡10分钟，冲洗干净，切碎粒。
2. 配方奶粉按比例加温开水冲调好。
3. 香蕉去皮切小块。
4. 将切好的草莓、香蕉和冲调好的配方奶放入料理机中，搅打成奶昔。

💜 专家说 ……………………

水果中富含多种维生素，可提高宝宝的抵抗力。

宝宝大一些咀嚼能力提高，也可将香蕉和草莓切成小块，直接加入冲调好的配方奶，拌匀即可。宝宝1岁可以食用酸奶后，将配方奶换成原味酸奶口感更好，还可以加入少量干果碎、葡萄干碎。

◎细嚼中期——第 10 个月宝宝的辅食制作

辅食特点： 细嚼中期，软硬度同细嚼前期，食物形状可稍大一些。

☺ 营养美食餐

补充蛋白质 红薯软饭

🍲 营养关键词：蛋白质　B族维生素

🍲 食　材：大米50克，红薯20克。

🍲 做　法：

① 红薯洗净，去皮切片，放入蒸锅蒸熟，用勺子稍压碎。

② 大米洗净，放入电饭煲中，加入3倍米量水，先浸泡30分钟再制成软饭。

③ 取适量蒸熟的红薯与软饭拌匀。

💗 **专家说**

　　红薯是一种营养均衡的健康食品，含丰富的膳食纤维和多种营养素，特别是其含有丰富的赖氨酸，而大米、面粉中缺乏赖氨酸。红薯与米面搭配，可以给宝宝更全面的蛋白质补充。

宝宝说：

今天开始吃软软的米饭了，还有甜甜的红薯。

营养丰富 # 五彩什锦蔬菜饭

🍲 **营养关键词：** 钙 磷 铁 维生素A 维生素C

🍲 **食 材：** 虾仁2个，胡萝卜、芹菜、黄彩椒、红彩椒、软饭、植物油适量。

🍲 **做 法：**

① 虾仁洗净，去虾线，焯好后切碎。

② 胡萝卜洗净，去皮，切小粒；芹菜洗净切小粒；黄彩椒和红彩椒洗净，切小粒。

③ 炒锅放适量油，烧热后放入切好的蔬菜粒，翻炒至熟，放入虾粒和软饭，翻炒均匀。

💜 **专家说**

　　彩椒中含丰富的维生素及微量元素，特别是维生素A和维生素C含量非常高。很多孩子不喜欢青椒的味道，而彩椒口感香甜，吃起来更像水果，妈妈可以先从彩椒开始，让宝宝喜欢上吃"椒"。

宝宝说：

哈哈，小碗里，好吃的颜色越来越多，吃到了黄黄的、甜甜的彩椒。

宝宝说：
肉肉包进面皮里，
像一个个小丸子。

补充维E 玉米鲜肉小馄饨

🍲 营养关键词：铁 蛋白质 卵磷脂 维生素E 膳食纤维

🍲 食 材：猪里脊肉50克，玉米粒10克，葱、姜、馄饨皮适量。

🍲 做 法：

① 猪里脊肉洗净，切小块，放入料理机中打成肉泥。

② 葱洗净切葱花，姜洗净切成细丝，葱姜切好后放入碗中，加适量清水浸泡10分钟，过滤取汁。

③ 玉米粒洗净切碎。

④ 将葱姜水分次加入肉泥中搅打，再加入切碎的玉米粒，继续搅打成肉馅。

⑤ 馄饨皮包入肉馅，制成馄饨，煮熟。

 专家说

玉米含维生素E，与猪肉中维生素A、维生素B搭配能保护宝宝皮肤。

姜是制作肉食必不可少的调味料，姜水带有姜的味道，可以去除肉的腥味，提升肉鲜美的味道，也可以让宝宝熟悉并逐渐接受它的味道。

优质蛋白 三文鱼土豆饼

🍲 营养关键词：蛋白质　磷　DHA　EPA

🍲 食　材：三文鱼20克，土豆半个，鸡蛋1个，香葱1根，面粉、植物油少许。

🍲 做　法：

❶ 三文鱼洗净蒸熟，切碎。鸡蛋洗净磕开，分离取蛋黄。土豆洗净，去皮，切小块蒸熟，用勺碾成土豆泥。香葱洗净，切碎。

❷ 在土豆泥中加入蛋黄、三文鱼碎、香葱碎、面粉，搅拌均匀，团成一个个土豆泥团，压成饼形。

❸ 煎锅内放少量植物油，放入土豆饼，两面煎至金黄。

❹ 将小饼切成小块放入小盘中，让宝宝自己用手取食。

 专家说

　　三文鱼土豆饼中三文鱼和土豆提供了优质蛋白质和热量，是一款营养密度较高的优质辅食，香葱不仅起到丰富味道的作用，也让宝宝熟悉了"葱"的味道，为宝宝之后的均衡饮食做好准备。

宝宝说：
我可以自己拿小饼放进嘴里，自己吃饭了！

润燥养血

黑白芝麻粥

营养关键词：蛋白质　脂肪　亚油酸
卵磷脂　维生素E

食　材：黑芝麻、白芝麻共20克，原味麦片50克，配方奶适量。

做　法：

❶ 黑芝麻、白芝麻放入炒锅，小火炒香晾凉，放入料理机中打成芝麻粉。

❷ 适合宝宝月龄的配方奶按冲调比例加温水冲调好。

❸ 麦片加水，加入适量黑白芝麻粉，煮成稍黏稠的粥，晾温后加入冲调好的配方奶，搅拌均匀。

专家说

芝麻和麦片中含有丰富的维生素E，可以保护宝宝娇嫩的皮肤。芝麻和麦片搭配还可以润肠燥，帮助宝宝按时顺利排便。粥中加入配方奶，既有芝麻香又有奶香，让宝宝更易接受，喜欢食用。

暖身养胃　栗茸白菜鸡肉粥

营养关键词：蛋白质　钙　磷　维生素B

食　材：栗子4个，白菜叶1片，鸡胸肉20克，大米50克。

做　法：

❶ 栗子去皮，煮熟，用勺碾碎备用。

❷ 鸡胸肉洗净切碎；白菜叶洗净切碎。

❸ 大米淘洗干净加水熬煮成粥，加入栗茸、鸡肉末、白菜末，边煮边搅，煮10分钟。

专家说

精致米面大多缺乏B族维生素，而栗子含丰富的B族维生素，可以让宝宝得到更好的维生素补充。白菜的添加则是加入膳食纤维，平衡营养的摄入。这款粥适合秋冬季节食用。

健脑补钙 海苔核桃软饭团

- 营养关键词：钙　磷　铁　不饱和脂肪酸　蛋白质　B族维生素
- 食　材：核桃仁20克，原味烤海苔10克，胡萝卜20克，大米软饭适量。
- 做　法：

① 核桃仁用烤箱烤熟，晾凉，放料理机中打成核桃粉；烤海苔剪碎。

② 胡萝卜洗净，去皮，切碎粒，煮熟。

③ 取适量软饭放入碗中，加入核桃粉、海苔碎、胡萝卜粒，混合拌匀。取一勺混合好的软饭放在手里，团成饭团，也可放在饭团模具中压成形状不同的饭团。饭团大小应适合宝宝自取和食用。

宝宝说：

这么多饭团……
我先吃哪个呢？

专家说 ....

　　核桃中富含不饱和脂肪酸、蛋白质，可促进宝宝大脑的发育。海苔中含钙丰富，有助于宝宝的骨骼发育。饭团中加入胡萝卜增加了维生素A的含量。有趣的饭团造型吸引宝宝注意，增加了进食的乐趣。

软饭＋火龙果＋芝麻粉

软饭＋什锦蔬菜

软饭＋鸡蛋＋海苔

补钙健齿 空心菜肉末粥

营养关键词：蛋白质　钙　胡萝卜素

食　材：空心菜嫩梢20克，猪里脊肉20克，大米50克，淀粉适量。

做　法：

❶ 空心菜嫩梢洗净切碎；猪里脊肉洗净，切片，加入淀粉抓匀，用沸水焯一下捞出，切碎。

❷ 大米淘洗干净，加水煮成大米粥，然后加入焯熟切碎的猪里脊肉，煮5分钟，撒入切碎的空心菜立即关火，盖锅盖焖5分钟。

 专家说

每年春夏季节是空心菜上市的季节，尤其是春季刚刚上市的空心菜，翠绿鲜嫩，其嫩梢部分更是营养丰富，最适合骨骼和牙齿快速生长发育的宝宝食用。

空心菜维生素含量丰富，宜现做现切，不宜长时间高温煮烫，以避免营养流失。

宝宝说：

今天又吃到一种新蔬菜——空心菜。

宝宝说:
粥里有香香的花生粉!

益智通便 牛奶花生麦片粥

🍲 营养关键词：蛋白质　不饱和脂肪酸　膳食纤维

🍲 食　　材：大米50克，花生10克，麦片20克，配方奶适量。

🍲 做　　法：

❶ 大米淘洗干净，加水煮成粥。

❷ 花生仁去红皮，放入炒锅小火炒熟，或放入烤箱中烤熟。晾凉，用料理机搅打成花生粉。

❸ 取适量大米粥加入花生粉和麦片小火熬煮，边煮边搅，以免糊底。煮好稍晾后加入调配好的温热适龄配方奶，搅拌均匀。

 专家说 ··

　　花生和麦片中含有丰富的氨基酸和不饱和脂肪酸，有助于宝宝大脑和神经系统的发育。麦片中丰富的膳食纤维能够防止便秘。

　　添加花生需要特别注意，第一次要少量添加，观察宝宝有无过敏反应。给宝宝食用花生一定要制成花生粉或花生碎粒，以免呛食。

补铁护肝

鸭血豆腐面

- 营养关键词：铁　蛋白质
- 食　　材：鸭血30克，豆腐20克，豌豆、宝宝面条适量。
- 做　　法：

① 鸭血和豆腐洗净，分别切小丁，放入沸水中焯一下，捞出备用。

② 豌豆洗净；面条分小段。

③ 锅中放水，加入焯好的鸭血丁、豆腐丁、豌豆、宝宝面条，煮熟。

💗 专家说

　　鸭血含丰富的蛋白质以及多种人体不能合成的氨基酸，还含有铁、钙等微量元素和多种维生素，这些都是人体造血过程中不可缺少的物质。鸭血是宝宝补铁的最佳食物来源之一。

益智补钙　西蓝花银鱼蛋羹

- 营养关键词：蛋白质　钙　卵磷脂
- 食　　材：银鱼20克，西蓝花20克，生蛋黄1个。
- 做　　法：

① 银鱼洗净放沸水中焯一下，剁碎或用料理机打碎；西蓝花洗净用沸水焯一下，切碎。

② 将生蛋黄、银鱼碎、西蓝花碎及少量凉开水搅拌均匀，放入蒸锅蒸熟。

专家说

　　银鱼是极富钙质且高蛋白、低脂肪的鱼类。银鱼中含有丰富的不饱和脂肪酸DHA，能够促进宝宝的脑部发育；银鱼中丰富的蛋白质和钙质能够帮助促进宝宝骨骼的生长。

健脑补水 **丝瓜毛豆汤**

🍲 营养关键词：钾　蛋白质　卵磷脂　膳食纤维

🍲 食　材：丝瓜20克，毛豆20克，植物油适量。

🍲 做　法：

① 丝瓜洗净，去皮，切小块。

② 毛豆去皮，留豆，洗净，放入沸水中焯熟，用勺碾碎。

③ 锅内放入少量植物油，放入丝瓜块、毛豆碎煸炒，加入适量清水，煮8分钟。

❤️ **专家说**

毛豆中含有的优质蛋白质和卵磷脂能促进宝宝大脑的记忆力发展，提升智力水平。

毛豆中的钾含量很高，在夏天与丝瓜搭配，可以帮助宝宝及时补充身体所需的水分，避免因出汗过多而导致钾的流失。

宝宝说：

今天又有豆豆吃！

补锌健脑 牛肉金针碎面

🍱 营养关键词：锌 铁 氨基酸 维生素C

🍲 食 材：牛里脊肉20克，金针菇30克，西红柿半个，宝宝面条、淀粉、植物油适量。

🍲 做 法：

① 牛肉洗净，剁碎，加入淀粉搅拌均匀；金针菇取上端鲜嫩菇伞部分洗净切碎；西红柿去皮，切碎。

② 炒锅内放少量植物油，放入牛肉末炒散，加入西红柿碎和切好的金针菇煸炒，加入适量温开水，水开后煮10分钟，至肉熟。

③ 加入宝宝面条煮熟。

 专家说 ⸺

　　金针菇被人们称为"增智菇"，其中赖氨酸和精氨酸含量很丰富，与瘦肉搭配含锌量比较高，对宝宝的身高和智力发育有良好的促进作用。

宝宝说：
它让我更有力气、
更聪明。

清肺润燥

紫薯百合银耳羹

📋 营养关键词：蛋白质　生物碱　花青素　胶原蛋白　膳食纤维

📋 食　材：紫薯20克，银耳10克，干百合10克。

📋 做　法：

❶ 银耳泡发，洗净去根，撕成小片；干百合泡发；紫薯去皮切小块。

❷ 锅内放适量水，加入所有食材，熬煮1小时。

💚 **专家说**

百合和银耳搭配有很好的清肺润燥的功效，紫薯提供丰富的膳食纤维，帮助预防宝宝便秘。

补益脾胃　莲藕胡萝卜蒸肉丸

📋 营养关键词：铁　蛋白质

📋 食　材：莲藕、胡萝卜各20克，豆腐10克，猪里脊肉30克，生蛋黄1个。

📋 做　法：

❶ 莲藕和胡萝卜洗净去皮，擦细丝，再切碎；豆腐洗净碾碎；猪里脊肉剁成肉末。

❷ 将所有材料混合，顺时针搅打成肉糜。将肉糜分成大小相等的小丸，放入盘中，入蒸锅蒸熟。

专家说

豆腐与猪肉搭配是植物蛋白与动物蛋白的组合，可以提高蛋白质的吸收和利用。猪肉中含脂肪较多，宝宝食用过量会加重胃肠道的消化负担，而豆腐起到了平衡脂肪摄入的作用。

香甜水果餐

补充水分 苹果黄瓜汁

🍲 营养关键词：铜 锌 钾 维生素C

🍲 食 材：有机苹果半个，有机黄瓜半根。

🍲 做 法：

❶ 黄瓜用流动水边冲洗边用软刷轻刷表面，冲洗干净后切小块。

❷ 苹果洗净，去核，切小块。

❸ 将切成小块的黄瓜、苹果放入料理机中搅打成汁。

💗 专家说

夏季天气炎热，宝宝易出汗，黄瓜可以为宝宝补充流失的水分。苹果使果汁的口感更好，苹果中的钾也为宝宝及时补充体力，帮助宝宝顺利度夏。

有机苹果和有机黄瓜保留果皮，可以摄入更多的维生素和膳食纤维。

宝宝说：
黄瓜变成果汁了。

清肠补钙 西芹橙汁

- 营养关键词：铁 钙 胡萝卜素 维生素C
- 食 材：橙子1个，西芹20克。
- 做 法：

  ① 西芹清洗干净，入沸水中焯一下，切小块。
  ② 橙子洗净去皮，切小块。
  ③ 将切好的食材放入原汁机中搅打成果汁。

专家说

西芹含有丰富的矿物质和多种维生素，能促进食欲，还有健脑、清肠、促进血液循环的作用。西芹与橙子搭配可提供丰富的钙和维生素C，有益宝宝骨骼和牙齿发育。

护眼护心 香蕉蓝莓奶昔

- 营养关键词：钙 钾 果胶 花青素 维生素C
- 食 材：香蕉半根，蓝莓10粒，配方奶粉适量。
- 做 法：

  ① 蓝莓洗净。香蕉去皮切小块。
  ② 配方奶粉按比例加温开水冲调好。
  ③ 将蓝莓、香蕉块、配方奶放入料理机中搅打成奶昔。

专家说

蓝莓中所含的花青素有助于宝宝视力发育，香蕉中的钾可以保护心脏。宝宝1岁之后可以用酸奶替换配方奶，口感更好，是一款宝宝喜欢的营养小食。

润燥解烦 莲藕雪梨羹

🍲 营养关键词：膳食纤维　胡萝卜素　维生素B$_1$　维生素B$_2$

🍲 食　材：雪梨半个，与梨等量的莲藕，柠檬半个。

🍲 做　法：

① 莲藕洗净，去皮，切成小丁。

② 雪梨去皮，去核，切小丁。

③ 将莲藕丁、雪梨丁放入料理机中，挤入柠檬汁，再加适量温开水，搅打成稀糊状。

④ 将搅打好的莲藕雪梨羹倒入小汤锅中，边煮边搅拌，以防糊底，煮至黏稠即可。

专家说 ···

　　秋季天气干燥，宝宝的皮肤、鼻腔内干干的，很不舒服。梨含多种维生素，水分也较多，生津润肺；莲藕中膳食纤维较多，可以解烦去燥，适合秋冬季给宝宝食用。

　　宝宝因为天气干燥出现流鼻血的症状，可以用莲藕雪梨榨汁后过滤，取少量鲜果汁，直接给宝宝喂食，有去火除燥的功效。莲藕雪梨汁性寒凉，不可过量食用。

宝宝说：
喝完莲藕雪梨羹，
好舒服。

宝宝说:
木瓜好吃，也不
能多吃。

 健脾消食 **木瓜蛋羹**

🍲 营养关键词：钙　铁　氨基酸　卵磷脂　维生素C

🍲 食　材：木瓜半个，鸡蛋1个，配方奶粉适量。

🍲 做　法：

① 木瓜洗净去皮，去籽儿切小块。

② 配方奶粉按比例加入白开水冲调成配方奶。

③ 鸡蛋去皮和蛋白，取蛋黄与木瓜块混合搅打成泥状，倒入配方奶中，搅拌均匀，倒入碗中。

④ 将碗放入蒸锅，碗上盖盖儿，蒸10~12分钟即可。

💜 **专家说**

　　木瓜富含17种以上氨基酸以及钙、铁等，其维生素C的含量是苹果的48倍。中医认为木瓜还有健脾消食、美白肌肤的作用。

◎细嚼后期——第11个月宝宝的辅食制作

辅食特点： 大颗粒状，食材品种丰富，少量炒制菜品。

😊 营养美食餐

补充维A # 胡萝卜肉末蒸饺

🍲 **营养关键词：** 蛋白质　锌　胡萝卜素　B族维生素

🍲 **食　材：** 猪里脊肉50克，胡萝卜100克，玉米粒20克，香葱、面粉、植物油适量。

🍲 **做　法：**

① 猪里脊肉洗净剁成肉末或放入料理机中打成肉糜；取适量胡萝卜洗净去皮，擦细丝，切碎；玉米粒洗净切碎；香葱洗净切碎。

② 将第①步中所有食材混合，加入少量植物油，顺时针搅打成馅。

③ 将剩下的胡萝卜去皮，切块，放入料理机中加水搅打成胡萝卜汁，过滤取汁。

④ 面粉加入过滤后的胡萝卜汁和成面团，醒30分钟，制成面剂儿，擀成圆形面片，包入肉馅，制成饺子。放入蒸锅蒸熟。

💜 **专家说**

　　蔬菜与肉类搭配增加了维生素的含量，平衡了肉馅中油脂的含量，使食物营养更均衡，有利于宝宝身体的健康发育，建立良好的饮食习惯。

　　胡萝卜与猪肉搭配可提高维生素A的吸收和利用，保护宝宝的皮肤和视力。

健脑壮骨 金枪鱼洋葱炒蛋

 营养关键词：蛋白质 脂肪 钙 磷 DHA

食 材：鲜金枪鱼30克，洋葱20克，鸡蛋1个，植物油适量。

做 法：

❶ 鲜金枪鱼洗净，蒸熟，切碎；洋葱洗净切粒；鸡蛋洗净，分离蛋黄和蛋白，取蛋黄打散。

❷ 炒锅放少量植物油，放入蛋液炒成蛋粒盛出。放入洋葱炒香，加入金枪鱼碎、炒好的蛋粒翻炒均匀。

❸ 可搭配软饭或拌面。

♥ 专家说

金枪鱼富含蛋白质、脂肪、维生素D，钙、磷和铁等矿物质的含量也较高，经常食用有益于宝宝牙齿和骨骼的健康。金枪鱼中富含DHA，是很好的健脑食品，它能帮助生产大脑的神经递质，使人注意力集中，思维活跃。

保护血管 肉末蒸茄子

 营养关键词：维生素 钙 磷

食 材：长茄子半根，肉末50克，红、黄彩椒适量，植物油适量。

做 法：

❶ 茄子洗净，切条，码放在盘中；红、黄彩椒洗净切碎。

❷ 炒锅放入少量植物油，放入肉末煸炒至变色，加入红、黄彩椒丁翻炒。

❸ 将炒好的肉末和彩椒丁均匀地撒在茄子条上，放入蒸锅蒸至茄子软烂。

♥ 专家说

茄子中维生素P的含量很高，帮助人体细胞间增强黏着力，提高毛细血管的弹性，增强宝宝的抗病能力。茄子与彩椒和肉末搭配颜色靓丽，能吸引宝宝的注意力，增进食欲。

清胃排毒 芥蓝牛肉炒面

🍲 营养关键词：矿物质 有机碱

🍲 食 材：芥蓝20克，洋葱10克，牛肉末30克，宝宝面条30克，淀粉、植物油适量。

🍲 做 法：

❶ 芥蓝洗净，切碎；洋葱洗净，切碎；宝宝面条掰成2厘米小段，煮熟捞出，牛肉末加少量淀粉拌匀。

❷ 炒锅放油烧热，放入牛肉末炒散至肉末变色，盛出。放入洋葱碎炒香，放入芥蓝末、炒好的牛肉末和煮好的面条，翻炒均匀。

💜 专家说

芥蓝中含有有机碱能刺激人的味觉神经，增进食欲，还可加快胃肠蠕动，有助消化。牛肉中丰富的矿物质能强壮身体，增强抵抗力。

挑选芥蓝时要选择梗细、叶绿的鲜嫩芥蓝，这样的芥蓝口感清脆，烹饪时间短，更易入味。

宝宝说：
今天的面条怎么没有汤，妈妈说这是炒面。

清胃排毒

香菇木耳炒肉末

营养关键词：铁　锌　蛋白质

食　材：香菇4朵，木耳10克，猪里脊肉50克，香菜、淀粉、植物油适量。

做　法：

1. 把香菇冲洗干净，切碎；木耳泡发，切碎；香菜洗净切碎；猪里脊肉剁碎，加入淀粉拌匀。
2. 炒锅放适量植物油，放入肉末翻炒，至肉末变色。再放入香菇丁、木耳丁煸炒，出锅前撒入切好的香菜。
3. 可以搭配软饭、粥、面条食用。

专家说

黑木耳中的胶质可以将消化系统中的灰尘、杂质吸附住并排出体外，起到清胃排毒的功效。

维持体内酸碱平衡　# 虾仁豆腐丸子

专家说

虾仁豆腐丸子含有丰富的蛋白质、钙、磷、铁等，还含有多种维生素，能够促进宝宝健康成长，提高宝宝的免疫力和维持体内酸碱平衡。

营养关键词：蛋白质　钙　磷

食　材：虾仁3个，豆腐50克，胡萝卜、菠菜各适量。

做　法：

1. 虾仁洗净，去虾线，剁碎；豆腐洗净，捣碎；胡萝卜洗净，去皮切碎。将虾仁碎、豆腐碎、胡萝卜碎混合，搅拌均匀，分成大小相等的圆形丸子，放入深盘中，入蒸锅蒸熟。
2. 菠菜洗净，放入沸水中焯熟，捞出，控干水分，切碎。
3. 将焯熟的菠菜碎撒在蒸熟的虾仁豆腐丸子上。

润燥生津
冻豆腐木耳蛋皮汤

- 营养关键词：蛋白质　铁
- 食　材：冻豆腐20克，蛋黄1个，木耳3朵，香菜、植物油适量。
- 做　法：

❶ 冻豆腐化冻，洗净切粒；木耳泡发，去根切碎；香菜洗净切碎。

❷ 炒锅放少量植物油，淋入蛋黄液，摊成蛋饼，盛出，切细丝。

❸ 锅内放适量水烧开，放入冻豆腐粒、木耳碎煮8分钟，放入蛋丝、香菜碎，煮2分钟。

专家说

冻豆腐经过冷冻，蛋白质和矿物质等营养物质完全保存下来。冻豆腐与蛋黄搭配，可以提高宝宝身体对蛋白质的吸收和利用。木耳含丰富的胶质，能够吸附肠道内的残留物质，还有润燥的功效。

这款汤还可为宝宝补充水分、提供膳食纤维。

补铁助消化
油菜双色豆腐

- 营养关键词：铁　钙　蛋白质
- 食　材：豆腐20克，猪血豆腐25克，油菜、葱、淀粉、鸡汤适量。
- 做　法：

❶ 豆腐、猪血豆腐洗净切小块，分别放入沸水，煮5分钟，捞出控干水分。

❷ 油菜洗净放入沸水中烫煮后控干水分，切碎。葱切末。淀粉加水调成水淀粉。

❸ 锅中放入鸡汤、葱末、豆腐块、猪血豆腐块、油菜碎，煮10~15分钟，淋入水淀粉勾芡。

专家说

猪血和豆腐中含有丰富的矿物质，其中铁含量较高，且易于被人体消化吸收。加入油菜增加了维生素的摄入，营养更均衡。

御寒强体　西蓝花鸡肉小米粥

 营养关键词：蛋白质　维生素K　胡萝卜素

食　材：鸡胸肉20克，西蓝花15克，山药15克，小米适量。

做　法：

① 鸡胸肉去筋膜，切薄片，放入沸水中焯熟，捞出，控干水分，切碎。

② 西蓝花掰成小朵，流动清水冲洗干净，用淡盐水泡10分钟，捞出，冲洗干净，放入沸水中焯至变色，捞出切碎。山药洗净去皮，切小块。

③ 小米淘洗干净，放入锅中，然后加入适量清水。水开后放入山药块、鸡肉碎，一同熬煮20分钟，放入切碎的西蓝花再煮1分钟，即可。

专家说

西蓝花含有胡萝卜素、矿物质等多种营养素，西蓝花中所特有的维生素K可以促进人体的血液循环。小米营养价值非常高，含有多种维生素、氨基酸、脂肪和碳水化合物。山药富含多种维生素、氨基酸和矿物质，能增强人体免疫力、益心安神。山药与小米搭配提高了滋补功效，是秋冬季御寒强体的必备美食。

宝宝说：
喝了西蓝花鸡肉小米粥，暖暖的。

强身健体
香菇茭白牛肉粥

- 营养关键词：蛋白质　脂肪　多种维生素

- 食　材：茭白30克，鲜香菇3朵，牛肉末30克，大米50克。

- 做　法：

❶ 茭白去皮切细丝，放入沸水中焯一下捞出；鲜香菇洗净去蒂，切小丁。

❷ 大米加水熬煮，粥快熟时，加入茭白丝、香菇丁、牛肉末，煮10分钟。

💗 **专家说**

这款粥由茭白、香菇与牛肉搭配在一起，含较丰富的碳水化合物、蛋白质以及脂肪等营养物质，能补充宝宝快速发育所需的营养物质，使宝宝更强壮。

补肝养胃　西红柿豌豆浓汤

- 营养关键词：蛋白质　番茄红素　膳食纤维

- 食　材：去皮干豌豆50克，西红柿1个，芹菜、植物油适量。

- 做　法：

❶ 去皮干豌豆洗净泡发，加适量水煮30分钟，将汤中的豌豆碾碎。

❷ 西红柿放入沸水中烫一下，去皮切丁；芹菜洗净切丁。

❸ 炒锅放入植物油烧热，加入西红柿丁和芹菜丁煸炒，加入煮好的豌豆汤，煮5分钟。

💗 **专家说**

西红柿中含有丰富的维生素C、番茄红素、B族维生素，对保护肝脏有良好的功效。中医认为豌豆有调和脾胃的功效。

补肝益脾 # 玉米鲈鱼羹

- 营养关键词：蛋白质　B族维生素　磷　铁
- 食　材：鲈鱼1条，鲜玉米粒20克，淀粉、姜丝、香菜适量。
- 做　法：

① 鲜鲈鱼去鳃、去鳞、去鳍，将腹内内脏及黑膜去除，清洗干净，放入盘内，鱼身上下撒姜丝。蒸锅水开后，放入鱼盘，蒸10分钟。蒸好的鱼稍晾，剔去骨刺，取净鱼肉。

② 鲜玉米粒清洗干净，剁成玉米粒碎；香菜清洗干净，切碎；淀粉加水调成芡汁。

③ 锅内放水，加入适量净鱼肉、玉米碎煮10分钟，放香菜碎，淋入芡汁煮开。

♥ **专家说**

　　鲈鱼含丰富的蛋白质、脂肪及碳水化合物，还含有维生素B_2、维生素B_1、烟酸、磷、铁等。鲈鱼肉质鲜嫩，其所含营养易于宝宝身体消化和吸收，经常食用可以补肝益脾，促进宝宝的生长发育。

宝宝说：
妈妈，我爱吃鱼！

预防贫血 西红柿烩鸡肝

 营养关键词： 铁　维生素C　番茄红素　碳水化合物

 食　材： 西红柿1个，鸡肝50克，土豆半个，淀粉、植物油适量。

 做　法：

❶ 鸡肝洗净，在水中浸泡30分钟，去除筋膜，切小丁，加入少量淀粉拌匀；西红柿在沸水中烫一下，去皮，切丁；土豆洗净去皮，切小丁。

❷ 锅中放少量植物油，加入鸡肝丁煸炒至变色，盛出；放入西红柿丁和土豆丁煸炒，加入适量水，水开后煮至土豆熟软，放入炒好的鸡肝丁再煮2分钟。

♥ 专家说

西红柿与鸡肝搭配，西红柿中丰富的维生素C能促进鸡肝中的铁被人体更好地吸收，提高鸡肝中铁的利用率，更好地预防宝宝缺铁性贫血的发生。汤中的土豆含丰富的碳水化合物，为宝宝提供热量。

宝宝说：
浓浓的西红柿汤里有土豆丁、肝丁。

宝宝说：
漂亮的蛋糕是
鱼肉做的呀！

 高蛋白 **花样蒸鱼糕**

🍲 营养关键词：蛋白质　钙

🍲 食　材：龙利鱼半片，生蛋黄2个，胡萝卜30克，海苔2片，葱、姜、淀粉、植物油适量。

🍲 做　法：

❶ 龙利鱼洗净，切片；胡萝卜洗净去皮，切碎；海苔撕碎。葱、姜洗净切丝，加入适量清水浸泡，制成葱姜水。

❷ 将龙利鱼、生蛋黄（留少许蛋黄备用）、葱姜水、淀粉放入料理机中搅打成泥。

❸ 将鱼泥放入大碗中，加入胡萝卜碎、海苔碎，搅拌均匀。

❹ 在模具内壁刷少许油，倒入搅拌均匀的鱼泥，用勺子或者刮刀抹平。

❺ 蒸锅放入适量水，水开后放入模具蒸8分钟左右，打开锅盖，在鱼泥表面刷一层蛋黄液，盖盖继续蒸3~5分钟。蒸好后稍晾，倒扣在案板上脱模，切成薄片。

💜 **专家说**

　　龙利鱼蛋白质丰富，味道鲜美，无腥味和异味，蒸煮后肉质嫩滑可口，是适合宝宝食用的高蛋白营养鱼类。

　　龙利鱼与蛋黄搭配，蒸制后口感鲜嫩，有利于宝宝对营养更好地消化和吸收。

　　海苔的加入提高了钙含量，有助于宝宝骨骼发育。

能量加油站 山药香菇瘦肉饭

🍚 营养关键词：蛋白质　铁　碳水化合物

🍚 食　材：山药30克，猪里脊肉30克，干香菇3个，洋葱、小米、大米、淀粉、植物油适量。

🍚 做　法：

❶ 山药洗净去皮，切丁；干香菇提前泡发，用软刷轻刷表面和褶皱，冲洗干净，切碎；洋葱洗净切碎；猪里脊肉洗净切碎，加入淀粉拌匀。

❷ 炒锅放植物油，放入猪里脊肉炒散，盛出；放入香菇碎、洋葱碎煸炒出香味。

❸ 小米和大米加水，加入炒好的猪肉碎、山药丁、香菇碎、洋葱碎，煮成软饭。

 专家说

　　香菇带有独特的香味，干香菇的香味比鲜香菇更浓。香菇和洋葱炒制后丰富了软饭的味道，软饭既有肉香又有蔬菜的香味。

　　猪里脊肉也可用鸡胸肉替换。软饭中的蔬菜也可替换成土豆丁、芹菜丁、胡萝卜丁、豌豆等。

　　这道菜中有肉，有菌菇，有薯类，与大米和小米搭配在一起保证宝宝摄入热量的同时，吸收更多的维生素和矿物质，达到营养全面、能量充足的功效。

宝宝说：

有肉也有菜。

香甜水果餐

消食解热　香橙荸荠

营养关键词：蛋白质　维生素C　胡萝卜素　磷

食　材：荸荠30克，橙子1个。

做　法：

1 荸荠洗净去皮，切碎粒，放入锅中煮10分钟，捞出，放入碗中。

2 橙子从中间横向切开，取一半榨成橙汁，将橙汁浇在荸荠上。另一半橙子取橙肉切碎，撒在荸荠上。

专家说

荸荠营养丰富，含有蛋白质、脂肪、粗纤维、胡萝卜素、维生素B、维生素C、铁、钙、磷和碳水化合物等营养素。荸荠中含丰富的磷，有助于宝宝的牙齿和骨骼的发育，荸荠还有止渴、消食以及解热的功效。

宝宝说：
酸酸甜甜，真好吃！

多维多彩 缤纷水果沙拉

🍲 营养关键词：多种维生素　矿物质

🍲 食　材：柠檬半个，香蕉、猕猴桃、圣女果、蓝莓适量。

🍲 做　法：

❶ 圣女果、蓝莓洗净；猕猴桃去皮，切小粒。

❷ 香蕉去皮，取适量用勺或研磨棒碾成香蕉泥；再取适量的香蕉切小粒。

❸ 将切成小粒的水果放入香蕉泥中，挤入几滴柠檬汁，拌匀。

 专家说 ··

　　水果沙拉更多、更好地保留了水果中的营养成分，特别是保留了更多的维生素。妈妈可以在宝宝适应食物后多选择应季的水果进行搭配，让宝宝摄入更多的维生素。

　　水果含糖量高，宝宝要适量食用。在制作时可结合宝宝出牙情况，切制成适合的颗粒状。

宝宝说：
这么多漂亮的颜色，妈妈说这是五彩缤纷的水果沙拉。

促进消化　苹果胡萝卜小饼

- 营养关键词：维生素A　维生素C　胡萝卜素
- 食　材：胡萝卜1/4根，苹果半个，生蛋黄1个，柠檬半个，面粉、植物油适量。
- 做　法：

① 胡萝卜洗净去皮，切成细丝。

② 苹果洗净，去皮、去核，切细丝，放入碗中，挤少量柠檬汁拌匀。

③ 将胡萝卜丝、生蛋黄一起放入苹果丝中，再加入少量面粉，搅拌成面糊。

④ 平底锅内加少量植物油，锅热后缓慢倒入面糊，摊成圆形的小饼，两面煎熟。

 专家说

　　胡萝卜提供了丰富的维生素A，有助于宝宝视力发育。苹果中含有苹果酸和柠檬酸，可以增加胃液分泌，促进消化。

调理肠胃 香蕉手抓饼

营养关键词：蛋白质 膳食纤维

食 材：香蕉半根，生蛋黄1个，柠檬半个，配方奶、面粉、植物油适量。

做 法：

① 香蕉去皮，切片，放入料理机中，挤入少量柠檬汁，搅打成泥状。

② 配方奶按比例加入温开水冲调好。

③ 将生蛋黄、配方奶、面粉放入大碗中，倒入香蕉泥，搅拌均匀成细腻面粉糊。

④ 平底锅倒少量植物油，锅热后缓慢倒入面粉糊，摊成圆形小饼，两面煎熟。

 专家说

香蕉中含丰富的膳食纤维，能够促进消化，调理肠胃。

宝宝说：
今天的小饼是香
蕉味的。

宝宝说:
吃薯条。

 抗病强体 # 牛油果酱&手指蔬菜条

🍲 营养关键词：蛋白质　脂肪　钠　钾　镁　维生素E　亚油酸
🍲 食　材：牛油果半个，柠檬半个，土豆1个，红薯半根，紫薯1根。
🍲 做　法：

1️⃣ 土豆洗净去皮，切成长短一致的6厘米长条。红薯、紫薯方法相同，

2️⃣ 锅中水烧开，分别将土豆条、红薯条、紫薯条煮2分钟，捞出，控干水分。

3️⃣ 烤盘铺上锡纸，将土豆条、红薯条、紫薯条整齐码放在烤盘中。烤箱200℃预热，放入烤盘，烤制15分钟。取出晾凉后将土豆条、红薯条、紫薯条放入小盘中。

4️⃣ 烤箱工作时，同时制作牛油果酱。牛油果洗净从中间剖开，取一半，挖出果肉，挤入少量柠檬汁，用研磨棒碾成糊状。

5️⃣ 食用时，拿取土豆条等蘸牛油果酱食用。可让宝宝自己拿取蘸食。

💗 **专家说** ⋯⋯⋯⋯⋯⋯⋯⋯⋯⋯⋯⋯⋯⋯⋯⋯⋯⋯⋯⋯⋯⋯⋯⋯⋯⋯⋯⋯⋯

　　牛油果富含维生素、脂肪和蛋白质,钠、钾、镁、钙等含量也较高。牛油果中含有的维生素E能增强人体免疫系统功能，提高抗病能力，还能使宝宝的肌肤更娇嫩。

细嚼期宝宝辅食食材选择

细嚼期主食、蔬菜、水果、豆制品等食材的选择与蠕嚼期基本相同。

由于烹饪方法的增加，在细嚼期出现少量的炒制菜，添加了"油"。

"油脂"是宝宝生长发育必需的一种营养物质，但过量摄入会给宝宝内脏造成负担，因此，"油"应选择高质量的植物油，并控制用量，不能过量使用。

人造奶油含有反式脂肪酸，不能给宝宝食用。

◎细嚼期宝宝辅食配餐

春季1周辅食配餐

餐次 周次	早餐	加餐	午餐	加餐	晚餐	睡前
周一	母乳或配方奶 + 红枣猪肝蒸蛋羹	母乳或 配方奶	香芋紫米羹 + 西蓝花鲜虾球	母乳或配方奶 + 木瓜	牛肉金针 碎面	母乳或 配方奶
周二	母乳或配方奶 + 西蓝花银鱼蛋羹	母乳或 配方奶	西红柿南瓜疙瘩汤 + 口蘑豆腐羹	母乳或配方奶 + 苹果	空心菜 肉末粥	母乳或 配方奶
周三	母乳或配方奶 + 木瓜蛋羹	母乳或 配方奶	草莓山药粥 + 鸡汤娃娃菜	母乳或配方奶 + 香蕉	玉米鲜肉 小馄饨	母乳或 配方奶
周四	母乳或配方奶 + 红枣猪肝蒸蛋羹	母乳或 配方奶	三文鱼土豆饼 + 白萝卜香菜粥	母乳或配方奶 + 火龙果	鸭血豆腐 面	母乳或 配方奶
周五	母乳或配方奶 + 西蓝花银鱼蛋羹	母乳或 配方奶	丝瓜虾皮面 + 肉末蒸茄子	母乳或配方奶 + 草莓	油菜蘑菇 面	母乳或 配方奶
周六	母乳或配方奶 + 木瓜蛋羹	母乳或 配方奶	红豆银耳莲子羹 + 胡萝卜肉末蒸饺	母乳或配方奶 + 香蕉	冬瓜排骨 面	母乳或 配方奶
周日	母乳或配方奶 + 蛋黄菠菜羹	母乳或 配方奶	西红柿三文鱼麦片 粥 + 橙汁山药	母乳或配方奶 + 樱桃	鸡汤双花 面	母乳或 配方奶

夏季1周辅食配餐

餐次 周次	早餐	加餐	午餐	加餐	晚餐	睡前
周一	母乳或配方奶 + 红枣猪肝蒸蛋羹	母乳或 配方奶	红薯软饭 + 西红柿豌豆浓汤	母乳或配方奶 苹果	栗茸白菜鸡肉粥	母乳或 配方奶
周二	母乳或配方奶 + 西蓝花银鱼蛋羹	母乳或 配方奶	苹果胡萝卜小饼 + 香菇荽白牛肉 粥	母乳或配方奶 西瓜	牛奶花生麦片粥	母乳或 配方奶
周三	母乳或配方奶 木瓜蛋羹	母乳或 配方奶	虾仁豆腐丸子 + 雪梨银耳小米粥	母乳或配方奶 葡萄	芦笋胡萝卜面	母乳或 配方奶
周四	母乳或配方奶 + 红枣猪肝蒸蛋羹	母乳或 配方奶	五彩什锦蔬菜饭 + 玉米鲈鱼羹	母乳或配方奶 蜜瓜	芥蓝牛肉炒面 + 苹果红枣银耳露	母乳或 配方奶
周五	母乳或配方奶 + 西蓝花银鱼蛋羹	母乳或 配方奶	海苔核桃软饭团 + 冻豆腐木耳 蛋皮汤	母乳或配方奶 香蕉	西红柿南瓜 疙瘩汤	母乳或 配方奶
周六	母乳或配方奶 + 木瓜蛋羹	母乳或 配方奶	三文鱼土豆饼 + 鸡汤双花面	母乳或配方奶 火龙果	空心菜肉末粥	母乳或 配方奶
周日	母乳或配方奶 + 蛋黄菠菜羹	母乳或 配方奶	山药香菇瘦肉饭 + 丝瓜毛豆汤	母乳或配方奶 牛油果	黑白芝麻粥 + 香菇木耳炒肉末	母乳或 配方奶

秋季1周辅食配餐

餐次 周次	早餐	加餐	午餐	加餐	晚餐	睡前
周一	母乳或配方奶 + 红枣猪肝蒸蛋羹	母乳或 配方奶	金枪鱼洋葱炒蛋 + 油菜蘑菇面	母乳或配方奶 苹果	西蓝花鸡肉 小米粥	母乳或 配方奶
周二	母乳或配方奶 + 西蓝花银鱼蛋羹	母乳或 配方奶	五彩什锦蔬菜饭 + 鸡汁迷你豆腐丸	母乳或配方奶 梨	玉米鲜肉 小馄饨	母乳或 配方奶
周三	母乳或配方奶 + 木瓜蛋羹	母乳或 配方奶	白萝卜香菜粥 + 西红柿烩鸡肝	母乳或配方奶 猕猴桃	牛肉金针碎面	母乳或 配方奶
周四	母乳或配方奶 + 红枣猪肝蒸蛋羹	母乳或 配方奶	莲藕胡萝卜蒸肉丸 + 黑白芝麻粥	母乳或配方奶 蓝莓	栗茸白菜 鸡肉粥	母乳或 配方奶
周五	母乳或配方奶 + 西蓝花银鱼蛋羹	母乳或 配方奶	三文鱼土豆饼 + 香菇茭白牛肉粥	母乳或配方奶 橙子	香芋紫米羹	母乳或 配方奶
周六	母乳或配方奶 + 木瓜蛋羹	母乳或 配方奶	山药香菇瘦肉饭 + 花样蒸鱼糕	母乳或配方奶 香蕉	胡萝卜肉末蒸饺 + 莲藕秋梨羹	母乳或 配方奶
周日	母乳或配方奶 + 蛋黄菠菜羹	母乳或 配方奶	芥蓝牛肉炒面 + 紫薯百合银耳羹	母乳或配方奶 橘子	香菇茭白牛肉粥	母乳或 配方奶

冬季1周辅食配餐

餐次 周次	早餐	加餐	午餐	加餐	晚餐	睡前
周一	母乳或配方奶 + 红枣猪肝蒸蛋羹	母乳或 配方奶	海苔核桃软饭团 + 玉米鲈鱼羹	母乳或配方奶 苹果	西红柿三文鱼 麦片粥	母乳或 配方奶
周二	母乳或配方奶 + 西蓝花银鱼蛋羹	母乳或 配方奶	西红柿烩鸡肝 + 雪梨银耳小米粥	母乳或配方奶 梨	西蓝花鸡肉 小米粥	母乳或 配方奶
周三	母乳或配方奶 + 木瓜蛋羹	母乳或 配方奶	油菜双色豆腐 + 黑白芝麻粥	母乳或配方奶 猕猴桃	玉米鲜肉小馄饨	母乳或 配方奶
周四	母乳或配方奶 + 红枣猪肝蒸蛋羹	母乳或 配方奶	莲藕胡萝卜蒸肉 + 栗茸白菜鸡肉粥	母乳或配方奶 蓝莓	空心菜肉末粥	母乳或 配方奶
周五	母乳或配方奶 + 西蓝花银鱼蛋羹	母乳或 配方奶	肉末蒸茄子 + 鸡汤双花面	母乳或配方奶 橙子	白萝卜香菜粥	母乳或 配方奶
周六	母乳或配方奶 + 木瓜蛋羹	母乳或 配方奶	胡萝卜肉末蒸饺 + 冻豆腐木耳蛋皮汤	母乳或配方奶 香蕉	香菇茭白牛肉粥	母乳或 配方奶
周日	母乳或配方奶 + 蛋黄菠菜羹	母乳或 配方奶	五彩什锦蔬菜饭 + 香橙荸荠	母乳或配方奶 橘子	玉米鲜肉小馄饨	母乳或 配方奶

咀嚼期辅食 （1～1.5岁宝宝）

主食： 母乳喂养、混合喂养或配方奶喂养保证每天500～600毫升奶量。

辅食性状： 因为乳牙已萌出，所以辅食性状为适合咀嚼的软烂食物。

辅食内容： 无过敏反应的食材，全蛋、肉汤、米饭、花样粥、面食、碎肉（包括鱼、虾）菜、豆腐等。可少量加盐、糖等调味。

从咀嚼期开始，宝宝的主食品种选择范围更多了，全麦面食（包子、饺子、软饼、面包等），少油低盐的饼干、蛋糕，各种面条（中式面条、意大利面等）都可以加入宝宝的食单，根据季节进行搭配组合。

辅食量： 每日添加辅食3餐。

特别营养： 全面均衡营养；补充能量。

进餐习惯： 学习自己吃饭。

咀嚼期标志

- 满1岁
- 良好的生活习惯，已养成1日3餐的饮食规律
- 进食时会用门牙和牙龈咬断和弄碎食物，但咀嚼能力较弱，需要提供较软烂的食物
- 有使用勺子吃饭的欲望

咀嚼期一日辅食添加参考时间

早餐：母乳或配方奶+蒸全蛋、软饼、粥等

加餐：母乳或配方奶+水果

午餐：米饭、馅类面食、肉（包括鱼、虾）、蔬菜等

加餐：母乳或配方奶+水果

晚餐：米饭、碎肉菜（包括鱼、虾）、豆腐、面、粥等

睡前：母乳或配方奶

◎咀嚼期宝宝的辅食制作

辅食特点：食物性状接近成人饮食，较软烂。低盐少油少调料。

营养美食餐

维持酸碱平衡 豆腐海苔肉卷

🍲 营养关键词：蛋白质　钙　卵磷脂　硒　碘

🍲 食　材：猪里脊肉100克，鸡蛋1个，寿司海苔1张，豆皮1张，葱、姜、白糖、生抽、植物油、芝麻油适量。

🍲 做　法：

① 猪里脊肉洗净，切小丁，加入鸡蛋、葱末、姜末，加入少量生抽、白糖、植物油、芝麻油，放入料理机中搅打成肉糜。

② 豆皮平放在案板上，将寿司海苔放在上面，把打好的肉糜均匀涂抹在海苔上，从一端将食材卷起，边卷边压，卷成一个卷。

③ 将卷好的豆皮卷开口一端朝下平放在盘内，放入蒸锅，水开后中火蒸15分钟。

④ 取出晾凉切段。

❤ 专家说

　　这道菜由豆腐与肉类搭配，再加上富含矿物质的海苔，使营养全面丰富，能够帮助机体维持营养均衡和酸碱平衡，有利于宝宝的生长发育和智力发育。

蛋白质丰富 鸡汁干丝黑木耳汤

- 营养关键词：蛋白质　钙
- 食　材：干丝30克，胡萝卜20克，虾仁3个，黑木耳30克，煮熟的鸡胸肉、鸡汤适量，盐、葱花、植物油适量。
- 做　法：

① 黑木耳泡发，去根蒂，洗净，切丝；虾仁去虾线，洗净；胡萝卜洗净去皮，切丝；煮熟的鸡胸肉撕成短细丝。

② 锅内放少量油，放葱花炒香，放入虾仁、胡萝卜丝、干丝、黑木耳丝煸炒，加入鸡汤和鸡丝烧开，煮10分钟，加少量盐调味。

专家说

干丝是一种经过加工的豆制品，由于含水分较少，与相同重量的豆腐相比有效营养物质含量更高，搭配胡萝卜和黑木耳，提高了维生素、矿物质和膳食纤维的含量。汤中虾仁、鸡肉、干丝中的动物蛋白与植物蛋白相搭配提高了这道菜的蛋白质含量，且更利于蛋白质的消化与吸收。鸡汤起到提鲜的作用，可增进宝宝食欲。

宝宝说：
有虾、有肉、有豆腐，营养又美味。

通便排毒 肉末炒空心菜

🍲 营养关键词：蛋白质　钙　胡萝卜素　膳食纤维

🍲 食　材：空心菜100克，猪瘦肉末50克，红彩椒30克，生抽、淀粉、植物油适量。

🍲 做　法：

❶ 猪瘦肉末加少量生抽和淀粉拌匀；空心菜取嫩梢部分，洗净，切碎；红彩椒洗净，切丁。

❷ 锅内放少量植物油，放入肉末炒散，然后放入空心菜碎和红彩椒丁翻炒至熟。

💗 专家说 ⋯⋯⋯⋯⋯⋯⋯⋯⋯⋯⋯⋯⋯⋯⋯⋯⋯⋯⋯⋯⋯⋯⋯⋯⋯⋯⋯⋯⋯⋯⋯

　　空心菜嫩梢部分的蛋白质、钙、胡萝卜素含量丰富。空心菜与红彩椒搭配，颜色漂亮，味道丰富，可增进宝宝的食欲。

　　空心菜的粗纤维素含量较丰富，能够促进肠蠕动，起到通便排毒的作用。

通利肠胃 **白菜肉卷**

宝宝说：

白菜也可以包肉馅呀，又能多吃菜啦！

营养关键词：蛋白质 铁 钙 膳食纤维

食 材：猪里脊肉100克，鲜香菇2朵，白菜叶片5片，葱、姜、生抽、植物油、芝麻油适量。

做 法：

① 白菜叶洗净；香菇用软刷轻刷表面，冲洗干净，切碎；猪里脊肉洗净，剁成肉泥。

② 整片白菜叶取上端绿叶部分，放入沸水中焯一下立即捞出备用；下端白色叶茎部分剁碎。

③ 剁好的肉泥加入葱、姜、生抽，顺时针搅打成肉糜，加入白菜碎、香菇碎、植物油、芝麻油继续搅打均匀。

④ 将焯好的白菜叶平放在案板上，把打好的肉馅包入，开口朝下放入盘中，依次将余下的菜包好码入盘中，放入蒸锅，水开后蒸10分钟。

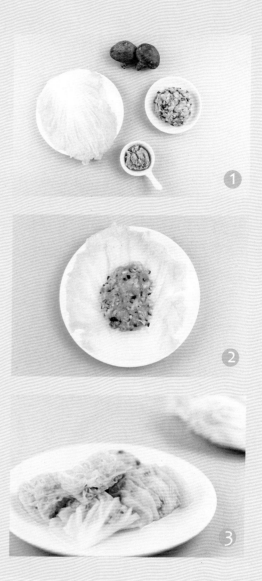

❤ 专家说

包裹肉馅的白菜叶片完整保留了叶片的膳食纤维，白菜的白色叶茎加入肉馅中也提高了膳食纤维的摄入量，从而帮助保持宝宝肠道的通利，且能保证营养的均衡。

优质蛋白组合 香菇酿虾仁豆腐

营养关键词： 蛋白质　磷　钙　维生素

食　材： 鲜香菇5朵，豆腐30克，虾仁3个，冬笋20克，西蓝花30克，盐、淀粉、植物油适量。

做　法：

❶ 香菇冲洗干净，去蒂。豆腐洗净切碎。虾仁去虾线，切碎。冬笋洗净切片，过沸水焯一下捞出，切碎。西蓝花洗净切小朵，放入沸水中焯熟，捞出控干水分。

❷ 将豆腐碎、虾仁碎、冬笋碎放大碗内，加少量盐、淀粉和植物油搅拌均匀成馅。

❸ 香菇伞部朝下，褶皱朝上，将虾仁豆腐馅均匀码在香菇上。把填好馅的香菇码放在盘内，放入蒸锅蒸10分钟，出锅，将焯好的西蓝花装饰在四周。

💗 **专家说**

虾、豆腐含丰富的蛋白质，为宝宝提供生长所需能量。

宝宝说：
好漂亮的一盘菜呀！

宝宝说：
蒸的鸡肝真好吃。

 补铁养血 **软蒸鸡肝肉饼**

🍲 营养关键词：蛋白质　铁　磷　钙　维生素

🍲 食　材：鸡肝30克，猪里脊肉30克，鸡蛋1个，柠檬半个，淀粉、生抽、植物油适量。

🍲 做　法：

① 鸡肝洗净去除筋膜、血管，切薄片，放入水中浸泡10分钟，中间可多换几次水。鸡肝片冲洗干净，控干水分，切碎。

② 猪里脊肉洗净切碎，剁成肉泥。

③ 鸡蛋洗净表面，磕开，取蛋清备用。

④ 将鸡肝碎、猪肉泥、蛋清放在大碗内，加入少量生抽、淀粉，挤入少量柠檬汁，按顺时针方向将所有材料拌匀。

⑤ 盘内表面抹少量植物油，将调好的鸡肝肉馅倒入盘中，放入蒸锅，蒸10分钟。

💛 专家说 ··

鸡肝、猪里脊肉搭配在一起含铁丰富，可以补铁，预防贫血。

柠檬可以促进铁元素的吸收，并为人体提供丰富的维生素。柠檬还是一种很好的调味品，可去除肉类、鱼类的腥味，使肉质更鲜嫩。

养血健脾 鲜藕玉米饺

 营养关键词：铁 蛋白质 碳水化合物

食 材：猪里脊肉50克，莲藕50克，胡萝卜30克，玉米粒30克，面粉、生抽、植物油、芝麻油适量。

做 法：

① 猪里脊肉洗净，切碎，剁成肉泥；莲藕和胡萝卜洗净，去皮剁碎；玉米粒洗净切碎。

② 将所有食材混合，加入少量生抽、植物油、芝麻油，顺时针搅打成肉馅。

③ 面粉加入适量清水和成面团，醒30分钟，擀成圆形面片，放入肉馅包成饺子。

④ 锅内放水，水开后将饺子煮熟。

专家说

莲藕含有铁、钙等微量元素，有补益功效，与胡萝卜和富含蛋白质的瘦肉搭配更增强了益胃健脾、养血补心的功效。

肉馅中加入蔬菜，增加了维生素和膳食纤维的摄入，使营养更加全面均衡。

宝宝说：
饺子里有几种蔬菜？有几种颜色？

宝宝说：
好吃的肉丝面。

 增强抗病能力 **青椒牛肉丝面**

营养关键词：维生素C　铁

食　材：牛里脊肉50克，青椒一个，宝宝面条、葱花、淀粉、生抽、植物油适量。

做　法：

❶ 牛里脊肉洗净，切短细丝，加入生抽、淀粉腌10分钟。青椒洗净，去蒂、去籽儿，切细丝。

❷ 锅内放少量植物油，放入葱花炒香，放入牛肉丝，炒至变色，放入青椒丝翻炒。

❸ 宝宝面条煮熟，捞出放入碗中，加入炒好的青椒牛肉丝即可。

💚 专家说

　青椒含有抗氧化的维生素和微量元素，与含铁丰富的牛里脊肉搭配，能增强宝宝的抗病能力，青椒中的维生素帮助铁更易被吸收，满足宝宝的成长所需。

清火祛暑 **苦瓜胡萝卜煎蛋**

宝宝说:
苦瓜真的苦吗?
我要尝一尝。

营养关键词：蛋白质　碳水化合物　维生素C　胡萝卜素　钾

食　材：苦瓜20克，胡萝卜20克，鸡蛋1个，盐、植物油适量。

做　法：

1 用软刷轻刷苦瓜表皮，冲洗干净，顺苦瓜生长的方向从中间一切两半，用小勺刮去苦瓜白色的内瓤，切片。胡萝卜洗净去皮，切片。

2 锅内放水烧开，加少量盐，放入切好的胡萝卜片焯至断生，捞出。将切好的苦瓜片放入水中，焯至变色立即捞出，晾温，挤干水分。

3 将焯好的胡萝卜片、苦瓜片分别切碎，放入碗中打入鸡蛋，加少量盐搅打均匀。

4 锅中放少量植物油，慢慢将蛋液倒入锅中，转动锅，让蛋液平铺在锅底，两面煎金黄。

专家说

　　苦瓜含有丰富的维生素和矿物质，特别是维生素C和钾的含量很丰富，其特有的苦瓜苷有清热解暑的作用。

　　为了更易于宝宝接受苦瓜独特的味道，在清洗后一定要将内瓤里的白膜去掉，并在沸水中焯烫一下，以去除苦味。

清热补水 # 西葫芦芝麻鸡蛋饼

营养关键词：不饱和脂肪酸　维生素

食　材：西葫芦半根，鸡蛋1个，面粉、芝麻粉、盐、植物油适量。

做　法：

❶ 西葫芦洗净，擦成细丝，加入鸡蛋、少量盐、芝麻粉、适量面粉和水搅拌均匀，成无颗粒的面糊。

❷ 平底锅内放少量植物油，将面糊慢慢倒入锅内，轻轻转动锅，将面糊摊成薄圆饼，两面煎金黄。

💗 **专家说**

西葫芦含有丰富的维生素和水分，有清热利尿、除烦止渴的功效。

西葫芦不含脂肪，在面糊中加入芝麻粉不仅起到提香的作用，也可增加小饼的不饱和脂肪酸含量，帮助促进宝宝脑细胞发育，提高免疫力。

宝宝说：

圆圆的小饼软软的，真香！

宝宝说：
今天用小叉子
吃意面。

 营养神经 **蘑菇海鲜意面**

营养关键词：多种维生素　铜

食　材：鲜口蘑20克，西蓝花20克，虾仁4个，西红柿1个，洋葱、意面、盐、植物油适量。

做　法：

❶ 鲜口蘑洗净，切片；西蓝花洗净，切小朵；西红柿洗净，去皮，切碎；洋葱洗净，切碎；虾仁洗净，去虾线，切小丁。

❷ 锅内放入少量植物油，放入部分洋葱炒香，再放入西红柿翻炒，加入适量盐调味。将炒好的洋葱和西红柿放入料理机中打成酱盛出备用。

❸ 意面放入沸水中煮熟，捞出，切成小段。

❹ 锅内放入少量植物油，放入剩余的洋葱丁炒香，再放入虾仁、口蘑片、西蓝花翻炒，加入煮熟的意面和炒好的西红柿酱，拌炒均匀，加少量盐调味。

💗 专家说 ⋯⋯⋯

　　口蘑味道鲜美，含丰富的维生素和矿物质，口蘑中富含铜，铜是人体健康不可缺少的微量营养素，可促进中枢神经和免疫系统的发育，保护宝宝的头发和肌肤。

消滞化食 陈皮红豆二米软饭

营养关键词：B族维生素 蛋白质 矿物质 膳食纤维

食 材：红豆50克，陈皮10克，大米、小米、盐、植物油适量。

做 法：

❶ 陈皮、红豆提前泡发，放入锅中加水煮至八成熟，将陈皮挑除，留红豆及汤。

❷ 大米、小米淘洗干净，加入煮好的红豆及豆汤，煮成软饭。

 专家说

红豆富含B族维生素、蛋白质及多种矿物质，有补血利尿的功效。陈皮与红豆搭配有帮助消化、消滞化食、开胃、理气祛燥的功效。

红豆、小米搭配大米一起煮饭增加了软饭中B族维生素、矿物质和膳食纤维的含量，使营养更全面。

宝宝说：
今天的米饭又有新花样！

 滋养脑细胞 # 核桃花生紫米糊

🍲 营养关键词：B族维生素　蛋白质　不饱和脂肪酸　维生素E

🍲 食　材：紫米50克，花生仁20克，核桃仁2个。

🍲 做　法：

① 紫米、花生仁清洗干净，提前泡发。

② 将核桃仁与紫米和花生仁一起加水煮至软烂，晾温后放入料理机中搅打成糊。

💜 专家说 ⋯⋯⋯⋯⋯⋯⋯⋯⋯⋯⋯⋯⋯⋯⋯⋯⋯⋯⋯⋯⋯⋯⋯⋯⋯⋯⋯⋯⋯⋯

　　紫米含有赖氨酸、色氨酸、维生素B_1、维生素B_2、叶酸、脂肪等多种营养物质，以及铁、锌、钙、磷等人体所需矿物元素，常食能够滋补身体。

　　核桃和花生中含有较多的蛋白质及不饱和脂肪酸，这些成分是大脑细胞代谢的重要物质，能滋养宝宝脑细胞、增强记忆力。核桃和花生还含有大量的维生素E，能够滋润宝宝的肌肤。

协和医院儿科专家：宝宝营养辅食全计划

保护胃肠 南瓜葡萄干软饭

营养关键词： 果胶　胡萝卜素　维生素A　铁　钙

食　材： 贝贝南瓜30克，葡萄干10克，大米适量。

做　法：

1. 贝贝南瓜冲洗干净，去籽儿，切块；葡萄干稍泡一会儿，洗净，控干水分。
2. 大米淘洗干净，加适量水，加入南瓜块和葡萄干一起煮成软饭。

专家说 ·····························

　　南瓜富含维生素和果胶，其中果胶有很好的吸附性，进入人体后能吸附肠道内的有害物质，有排毒的功效。果胶对宝宝娇嫩的胃肠道还可起到保护作用。葡萄干中的铁和钙含量十分丰富，还含有丰富的膳食纤维。南瓜与葡萄干搭配加强了润肠通便，保护胃肠的功效。

宝宝说：
饭里还有葡萄干。

146

开胃健脑 西红柿鱼丸饭

营养关键词：蛋白质　维生素　番茄红素　叶酸

食　材：无刺净鱼肉100克，鸡蛋1个，西红柿1个，圆白菜50克，米饭、紫菜、葱末、姜汁、淀粉、白糖、盐、植物油适量。

做　法：

① 将鱼肉切丁；鸡蛋磕开，分离蛋白和蛋清；西红柿去皮，切碎；圆白菜切细丝。

② 鱼肉丁和蛋清加入料理机中，加入少量盐、淀粉、姜汁、葱末和少量清水搅打成鱼肉糜。取出分成大小相等的圆形丸子，放入沸水中煮至丸子熟，捞出。

③ 锅内放少量植物油，放入西红柿丁炒至出汤汁，加入圆白菜丝和煮熟的鱼丸，煮2分钟，加少量盐和白糖调味，用水淀粉勾芡。

④ 米饭用模具造型，将炒好的鱼丸和菜淋在米饭上。

⑤ 锅中放入煮鱼丸的汤，烧开后淋入打散的蛋黄和少量紫菜，煮开加盐调味。

💗 专家说 ......

　　鱼肉和鸡蛋含丰富的蛋白质、卵磷脂、钙等营养素，提供宝宝脑部发育所需营养，搭配酸甜的西红柿，可爱造型的饭团，让宝宝食欲大增，胃口大开。

宝宝说：
呀，可爱的饭团，还有圆圆的鱼丸。

香甜水果餐

排毒护胃 火龙果甜虾

营养关键词：白蛋白　花青素

食　材：火龙果1/4个，橙子半个，北极甜虾8个，柠檬半个。

做　法：

① 北极甜虾洗净，去虾皮。将虾仁放入沸水中焯一下立刻捞出，控干水分。

② 火龙果洗净，去皮，将果肉切小块。

③ 橙子洗净，去皮，切小块。

④ 将甜虾仁、火龙果块、橙子块放入盘中拌匀，在上面挤少量柠檬汁。

专家说

火龙果中含有的植物性白蛋白有助于体内重金属排出体外，有解毒、保护胃壁的功效。

夏季天气炎热，清爽的水果餐口感清淡，颜色亮丽，能激起宝宝的食欲。没有经过热处理的食材可保留食物较多的营养。

宝宝说：

虾仁是甜甜的。

清热消食
白萝卜雪梨水

🍲 营养关键词：维生素A　维生素C　淀粉酶　膳食纤维
🍲 食　材：白萝卜50克，雪梨半个。
🍲 做　法：

① 白萝卜洗净去皮，切稍厚的片。
② 雪梨洗净，去皮去核，切稍厚的片。
③ 将白萝卜片、雪梨片放入汤锅中加适量清水，大火烧开后小火熬煮30分钟，取汤晾温食用。

 专家说

白萝卜中含有芥子油、淀粉酶和粗纤维，能够促进消化、增强食欲、加快胃肠蠕动。白萝卜与雪梨搭配在一起具有清热生津、理气化痰的功效。

清热除湿　　# 柠檬薏米水

🍲 营养关键词：维生素C　维生素B₁
🍲 食　材：薏米50克，柠檬适量。
🍲 做　法：

① 薏米淘洗干净，放入锅中，加适量清水煮开，小火继续煮30~40分钟。
② 柠檬洗净，切片。
③ 将晾凉的薏米水盛入凉杯，放入适量柠檬片即可。也可加入蜂蜜调味。

 专家说

除了生薏米煮水，炒的薏米也可煮水食用，但二者的功效有区别。生薏米煮水清热利尿，除湿强肾。熟薏米煮水健脾益胃，有助消化。

熟薏米制作方法：薏米用水淘洗干净，沥干水分。最好选用铁锅，中火炒干，然后小火继续翻炒，炒至表面微黄。炒制过程中要不停翻炒，避免受热不均。

保护血管 蓝莓火龙果汁

 营养关键词：花青素　维生素A　维生素C

食　材：火龙果1/4个，蓝莓10粒。

做　法：

1 火龙果洗净，取果肉，切小块。

2 蓝莓洗净，控干水分。

3 将火龙果块和蓝莓放入料理机中，加少量温开水搅打成果汁。

❤ 专家说

火龙果和蓝莓中花青素含量高，花青素有增强血管弹性，保护血管内壁的作用。

火龙果口感不是很甜，但含糖量较高，宝宝要适量食用。

火龙果和蓝莓都属于软质水果，用料理机搅打不需打得极细碎，稍留些果肉，可锻炼宝宝的咀嚼能力。

宝宝说：
满满的一杯
维生素。

宝宝说：
藏在面包卷里的是什么？

 补硒强体 **紫薯香蕉卷**

🏮 营养关键词：钾　钙　花青素　膳食纤维

🏮 食　材：全麦吐司面包1片，紫薯1个，香蕉1个。

🏮 做　法：

① 紫薯洗净去皮，切片，蒸熟，捣成紫薯泥。

② 吐司面包切去四周硬边，用擀面棍擀薄定型。

③ 香蕉去皮，切成与面包片同宽。

④ 擀好的面包片均匀抹一层紫薯泥，将香蕉放在离底边1/3处，卷起面包片，将香蕉包在中间，边卷边稍压实。将卷好的面包卷切成小段。

💗 专家说

　　紫薯中硒和花青素的含量很丰富，硒能够增强宝宝机体免疫力，花青素可以促进宝宝的视网膜细胞再生，有助视力发育。

咀嚼期宝宝辅食食材选择

咀嚼期宝宝辅食添加食材的品种基本接近健康成人饮食，每日添加总量和摄取食物品种比1岁前明显增加。

1岁之后宝宝的辅食可以加入适量调味品。调味时要注意只需加入少量，稍带些味道就可以，多让宝宝品尝食材的天然味道，养成清淡的饮食习惯。

盐的添加量要特别注意。除了食用盐中所含的盐量，酱油、醋等都含有盐，因此，制作时要注意每道菜品添加的总盐量。有时只需用酱油（生抽）调味即可，不需再额外加入食盐。

糖是能量的来源，但宝宝习惯较重的甜味后，很难再接受自然味道的食物。因此，要小心加"糖"，适量控制。

◎咀嚼期宝宝辅食配餐

春季1周辅食配餐

餐次 周次	早餐	加餐	午餐	加餐	晚餐	睡前
周一	母乳或配方奶 + 雪梨银耳小米粥 + 红枣猪肝蒸蛋 羹	母乳或 配方奶	南瓜葡萄干软饭 + 肉末炒空心菜	母乳或配方奶 + 苹果	玉米鲜肉 小馄饨	母乳或 配方奶
周二	母乳或配方奶 + 草莓山药粥 + 西蓝花银鱼蛋羹	母乳或 配方奶	核桃花生紫米糊 + 白菜肉卷	母乳或配方奶 + 木瓜	鱼肉菠菜面片	母乳或 配方奶
周三	母乳或配方奶 + 香芋紫米羹 + 火龙果蛋羹	母乳或 配方奶	蘑菇海鲜意面 + 软蒸鸡肝肉饼	母乳或配方奶 + 香蕉	苦瓜胡萝卜煎 蛋 + 黑白芝 麻粥	母乳或 配方奶
周四	母乳或配方奶 + 板栗小米粥 + 红枣猪肝蒸蛋羹	母乳或 配方奶	鲜藕玉米饺 + 核桃花生紫米糊	母乳或配方奶 + 火龙果	西红柿鱼丸饭 + 丝瓜毛豆汤	母乳或 配方奶
周五	母乳或配方奶 + 白萝卜香菜粥 + 西蓝花银鱼蛋羹	母乳或 配方奶	陈皮红豆二米软饭 + 油菜双色豆腐	母乳或配方奶 + 猕猴桃	青椒牛肉丝面 + 苹果红枣银 耳露	母乳或 配方奶
周六	母乳或配方奶 + 苹果麦片粥 + 木瓜蛋羹	母乳或 配方奶	白萝卜香菜粥 + 豆腐海苔肉卷	母乳或配方奶 + 草莓	牛肉金针 碎面	母乳或 配方奶
周日	母乳或配方奶 + 红薯枣泥小米粥 + 西蓝花银鱼 蛋羹	母乳或 配方奶	西葫芦芝麻鸡蛋饼 + 鸡汁干丝黑木耳汤	母乳或配方奶 + 樱桃	香菇茭白 牛肉粥	母乳或 配方奶

注：1岁后宝宝的蛋羹可使用全蛋（蛋白+蛋黄）制作。初次添加需要观察有无过敏反应。

夏季1周辅食配餐

餐次 周次	早餐	加餐	午餐	加餐	晚餐	睡前
周一	母乳或配方奶 + 核桃花生紫米糊 + 红枣猪肝蒸蛋 羹	母乳或 配方奶	山药香菇瘦肉饭 + 火龙果甜虾	母乳或配方奶 + 苹果	青椒牛肉丝 面	母乳或 配方奶
周二	母乳或配方奶 + 苹果胡萝卜小米 粥 + 西蓝花银鱼 蛋羹	母乳或 配方奶	雪梨银耳小米粥 + 白菜肉卷	母乳或配方奶 + 西瓜	油菜蘑菇面	母乳或 配方奶
周三	母乳或配方奶 + 香芋牛奶麦片粥 + 火龙果蛋羹	母乳或 配方奶	鲜藕玉米饺 + 丝瓜毛豆汤	母乳或配方奶 + 葡萄	芥蓝牛肉炒 面 + 核桃花 生紫米糊	母乳或 配方奶
周四	母乳或配方奶 + 香菇茭白牛肉粥 + 红枣猪肝蒸蛋 羹	母乳或 配方奶	南瓜葡萄干软饭 + 玉米鲈鱼羹	母乳或配方奶 + 蜜瓜	油菜双色豆 腐 + 冬瓜排 骨面	母乳或 配方奶
周五	母乳或配方奶 + 芝麻酱二米粥 + 西蓝花银鱼蛋羹	母乳或 配方奶	五彩什锦蔬菜饭 + 豆腐海苔肉卷	母乳或配方奶 + 香蕉	西葫芦芝麻 鸡蛋饼 + 西 红柿豌豆浓 汤	母乳或 配方奶
周六	母乳或配方奶 + 苹果胡萝卜小米 粥 + 木瓜蛋羹	母乳或 配方奶	西蓝花牛肉粥 + 虾粒蒸豆腐	母乳或配方奶 + 火龙果	蘑菇海鲜意 面 + 柠檬薏 米水	母乳或 配方奶
周日	母乳或配方奶 + 紫菜肉末蛋花粥 + 红枣猪肝蒸蛋 羹	母乳或 配方奶	西红柿鱼丸饭 + 鸡汁干丝黑木耳 汤	母乳或配方奶 + 蜜瓜	胡萝卜肉末 蒸饺 + 香芋紫米羹	母乳或 配方奶

秋季1周辅食配餐

餐次\周次	早餐	加餐	午餐	加餐	晚餐	睡前
周一	母乳或配方奶 + 胡萝卜鸡肉粥 + 红枣猪肝蒸蛋羹	母乳或配方奶	红薯软饭 + 肉末炒空心菜	母乳或配方奶 + 苹果	牛肉金针碎面	母乳或配方奶
周二	母乳或配方奶 + 青菜虾仁面 + 木瓜蛋羹	母乳或配方奶	陈皮红豆二米软饭 + 香菇酿虾仁豆腐	母乳或配方奶 + 梨	西红柿三文鱼麦片粥	母乳或配方奶
周三	母乳或配方奶 + 菠菜鸡肝粥 + 火龙果蛋羹	母乳或配方奶	南瓜葡萄干软饭 + 白菜肉卷	母乳或配方奶 + 猕猴桃	西红柿南瓜疙瘩汤	母乳或配方奶
周四	母乳或配方奶 + 西红柿鸡肝面 + 红枣猪肝蒸蛋羹	母乳或配方奶	黑白芝麻粥 + 莲藕胡萝卜蒸肉丸	母乳或配方奶 + 蓝莓	青椒牛肉丝面	母乳或配方奶
周五	母乳或配方奶 + 苹果麦片粥 + 西蓝花银鱼蛋羹	母乳或配方奶	香菇茭白牛肉粥 + 三文鱼土豆饼	母乳或配方奶 + 橙子	玉米鲜肉小馄饨	母乳或配方奶
周六	母乳或配方奶 + 鱼肉萝卜粥 + 木瓜蛋羹	母乳或配方奶	西葫芦芝麻鸡蛋饼 + 核桃花生紫米糊	母乳或配方奶 + 香蕉	芦笋胡萝卜面	母乳或配方奶
周日	母乳或配方奶 + 空心菜肉末粥 + 西蓝花银鱼蛋羹	母乳或配方奶	西红柿鱼丸饭 + 油菜双色豆腐	母乳或配方奶 + 橘子	香菇茭白牛肉粥	母乳或配方奶

冬季1周辅食配餐

餐次 周次	早餐	加餐	午餐	加餐	晚餐	睡前
周一	母乳或配方奶 + 核桃花生紫米糊 + 红枣猪肝蒸蛋 羹	母乳或 配方奶	南瓜葡萄干软 饭 + 肉末炒空 心菜	母乳或配方奶 + 苹果	胡萝卜鸡肉 粥	母乳或 配方奶
周二	母乳或配方奶 + 草莓山药粥 + 西蓝花银鱼蛋羹	母乳或 配方奶	鲜藕玉米饺 + 板栗小米粥	母乳或配方奶 + 梨	蘑菇海鲜意 面	母乳或 配方奶
周三	母乳或配方奶 + 牛奶花生麦片粥 + 火龙果蛋羹	母乳或 配方奶	山药香菇瘦肉 饭 + 花样蒸鱼 糕	母乳或配方奶 + 猕猴桃	小白菜肉末 疙瘩汤	母乳或 配方奶
周四	母乳或配方奶 + 空心菜肉末粥 + 红枣猪肝蒸蛋羹	母乳或 配方奶	陈皮红豆二米 软饭 + 肉末蒸 茄子	母乳或配方奶 + 火龙果	青菜虾仁面	母乳或 配方奶
周五	母乳或配方奶 + 栗茸白菜鸡肉粥 + 西蓝花银鱼 蛋羹	母乳或 配方奶	鲜藕玉米饺 + 南瓜绿豆银耳 羹	母乳或配方奶 + 橙子	苹果胡萝小 饼 + 鸡汁干 丝黑木耳汤	母乳或 配方奶
周六	母乳或配方奶 + 鱼肉菠菜面片 + 木瓜蛋羹	母乳或 配方奶	西葫芦芝麻鸡 蛋饼 + 香菇荽 白牛肉粥	母乳或配方奶 + 香蕉	油菜蘑菇面	母乳或 配方奶
周日	母乳或配方奶 + 苹果麦片粥 + 红枣猪肝蒸蛋羹	母乳或 配方奶	南瓜葡萄干软 饭 + 西红柿豌 豆浓汤	母乳或配方奶 + 猕猴桃	玉米鲜肉小 馄饨 + 油菜 双色豆腐	母乳或 配方奶

全面型食物 (1.5~3岁宝宝)

从这一阶段起宝宝的饮食开始为全面型食物，食材与健康成人饮食相同，口味较成人饮食清淡。每日营养的主要提供由辅食转变为一日三餐的全营养食物，奶成为辅助食物。

食物内容：由安全、新鲜的健康食材制作而成的清淡且营养均衡的食物。

每日应包括：谷类50~100克，肉禽鱼类50~75克，鸡蛋50克（1个全蛋量），蔬菜类50~150克，水果类50~100克，油5~15克，盐不超过1.5克。

进餐习惯：学习自己吃饭。

全面型食物标志

- 每日必需营养从一日三餐中获取
- 可以用门牙咬断食物，会咀嚼食物
- 可以用杯子喝250~300毫升牛奶或配方奶

全面型食物一日安排参考

早餐：母乳或配方奶+蛋羹、蔬菜软饼、谷物糊

加餐：母乳或配方奶

午餐：米饭、肉菜、蔬菜汤等

加餐：酸奶+水果

晚餐：馅类面食、软饭（可加入少量粗粮）、蔬菜、花式粥

睡前：母乳或配方奶

营养美食餐

促进肠蠕动 **莴笋胡萝卜海带丝**

🍚 营养关键词：维生素C　胡萝卜素　碘　膳食纤维

🍚 食　材：莴笋50克，胡萝卜50克，海带50克，芝麻粉、盐、生抽、醋、芝麻油适量。

🍚 做　法：

① 海带提前泡发，洗净切短细丝；莴笋去皮，洗净切细丝，加少量盐腌10分钟；胡萝卜洗净，去皮切细丝。

② 锅内放水，将胡萝卜丝焯烫一下，捞出；放入海带丝，煮至海带软熟。

③ 将腌好的莴笋丝控干汤汁，加入焯好的胡萝卜丝和海带丝，再加入生抽、醋、芝麻粉和芝麻油拌匀。

 专家说 ······

　　莴苣口感清脆，含有大量植物纤维素，能促进肠蠕动，预防宝宝便秘。夏季天气炎热，宝宝容易没有胃口，莴笋与胡萝卜和海带搭配颜色诱人，加入少量醋可以刺激宝宝的食欲。

宝宝说：

有我爱吃的海带呀，还有脆脆的莴笋丝。

补气润肠　**芝香秋葵**

🍲 营养关键词：黏液蛋白　铁　钙

🍲 食　材：秋葵100克，芝麻酱50克，海苔、芝麻粉、生抽、醋适量。

🍲 做　法：

① 芝麻酱放入碗中，分次加少量凉白开水澥开，加入生抽和少量醋调味。

② 秋葵洗净，切去蒂，放入沸水中焯烫3~5分钟，捞出，切厚片，码在盘内。

③ 将调好的芝麻酱淋在秋葵上，海苔剪碎，和芝麻粉一起撒在秋葵上。

💗 **专家说**

秋葵含铁、钙及糖类等多种营养成分，可以预防宝宝贫血。秋葵还含有丰富的维生素A，促进宝宝的视觉发育。秋葵分泌出的黏黏的物质是一种黏液蛋白，能帮助保护宝宝的胃壁，并促进胃液分泌，帮助消化，提高食欲。

芝麻酱是由芝麻烘焙后磨制而成，富含丰富的蛋白质、矿物质和多种维生素，它的含钙量超过蔬菜和豆类。芝麻酱还有很好的润肠通便、滋润肌肤的作用。

宝宝说：

唔，秋葵里藏着小星星。

香菇油菜素包

宝宝说：

包包里怎么
没有肉？

营养关键词：蛋白质　碳水化合物　维生素　钙

食　材：香菇100克，油菜200克，鸡蛋2个，面粉、酵母、葱花、盐、植物油适量。

做　法：

1️⃣ 面粉和酵母按100:1的比例混合放入盆中，加入适量温水，和成柔软的面团，盖盖，放温暖处醒发30分钟。

2️⃣ 香菇洗净，切碎；油菜洗净，用沸水烫一下，控干水分，切碎；鸡蛋磕入碗内打散，锅内放适量植物油，放入鸡蛋液炒散。

3️⃣ 将炒好的鸡蛋与香菇碎、油菜碎、葱花混合，搅拌均匀，加入盐、植物油调味。

4️⃣ 醒发好的面团放在面板上，分成小剂儿，擀成圆片，放上菜馅，包成包子，继续二次醒发30分钟。

5️⃣ 蒸锅放水，将包好的包子冷水下锅，水开后蒸18~20分钟，关火后再焖5分钟即可。

 专家说

香菇含矿物质较多，能补钙、补铁、补磷，其含有的香菇多糖还能够促进肌体代谢，增强人体的免疫能力。香菇与维生素含量丰富的油菜搭配可以帮助预防宝宝缺钙。

增智护眼　秋葵核桃仁炒鸡丁

 营养关键词：蛋白质　黏液蛋白　维生素A　不饱和脂肪酸

食　材：鸡胸肉100克，秋葵100克，熟核桃仁2个，生抽、老抽、淀粉、植物油适量。

做　法：

❶ 鸡胸肉洗净，切小丁，放入生抽、淀粉腌10分钟；核桃仁切成碎粒；淀粉、少量生抽和老抽加少量水调成芡汁。

❷ 秋葵洗净，放入沸水焯一下，捞出，切厚片。

❸ 锅内放少量植物油，放入鸡丁炒至变色，放入秋葵片、核桃仁碎煸炒，淋入芡汁勾芡。

专家说

核桃仁含丰富的不饱和脂肪酸，帮助促进宝宝的脑部发育；秋葵和鸡肉中的维生素A搭配帮助保护宝宝的眼睛。

宝宝说：

吃了小星星，
眼睛亮晶晶。

宝宝说：
妈妈，明天我还要吃嫩嫩的鸡蛋羹。

健脑益智 虾仁蒸蛋

 营养关键词：蛋白质　卵磷脂　钙

 食　材：鸡蛋1个，虾仁3个，香葱2根，盐、芝麻油适量。

 做　法：

① 虾仁洗净，去虾线，切小段，放入沸水中焯一下捞出；香葱去根，洗净，切碎。

② 鸡蛋打入大碗，加少量盐和温开水搅拌均匀，用滤网过滤后盖盖或用保鲜膜包住碗口。

③ 放入蒸锅中小火蒸8~10分钟，打开盖子，放入虾段，盖盖，继续蒸至虾熟。

④ 打开盖子，淋入芝麻油，撒上香葱碎。

 完美蛋羹4要素：

① 加温开水——避免呈蜂窝状。　② 蛋液过滤——去除气泡。

③ 盖盖——隔绝水汽。　④ 中小火蒸——蛋液慢慢凝固。

♥ 专家说

鸡蛋含有人体所需的几乎所有的营养物质，宝宝每天都应至少吃一个鸡蛋，以保证营养的全面和均衡。鸡蛋与虾仁搭配味道与营养都明显提升，让宝宝得以吸收更多优质蛋白质，帮助促进智力发育。

益智健体 豆腐菠菜鸡蛋卷

🍲 营养关键词：蛋白质　钙　磷　膳食纤维

🍲 食　材：菠菜40克，鸡蛋1个，豆腐50克，洋葱50克，虾仁4个，盐、生抽、植物油适量。

🍲 做　法：

❶ 菠菜去根，洗净，焯水后切碎；洋葱去外皮，切碎；豆腐洗净，碾碎；虾仁洗净，去虾线，切碎。

❷ 锅内放少量植物油，放入虾仁碎炒至变色盛出，加入洋葱碎炒香，加入豆腐碎煸炒，最后加入炒熟的虾仁碎，加生抽调味。

❸ 鸡蛋磕入大碗内打散，加入适量清水和菠菜，加适量盐，搅拌均匀。

❹ 平底锅倒少量植物油，慢慢将菠菜鸡蛋液倒入锅中摊成圆饼，将炒好的洋葱豆腐虾仁放在饼中间稍压实，将两边蛋饼折起成蛋卷，翻面煎至金黄。

 专家说

　　豆腐搭配鸡蛋、虾仁可以提高蛋白质的吸收和利用，更好地满足宝宝的生长需要。加入菠菜增加了维生素和膳食纤维的摄入量，并且在颜色上点缀了豆腐和鸡蛋，可提高宝宝的食欲。

宝宝说：
猜一猜今天的蛋卷里有什么呢？

消积化痰 **银鱼萝卜汤**

- 营养关键词：<u>钙　钾　镁　B族维生素</u>
- 食　材：银鱼50克，青萝卜80克，葱花、盐、植物油、芝麻油适量。
- 做　法：

① 银鱼洗干净泡软，切小段；青萝卜洗净去皮，切丝。

② 锅内放少量植物油，放入葱花炒香，放入银鱼煸炒，再放入青萝卜丝翻炒，加少量清水煮10分钟，然后加盐和芝麻油调味。

 专家说

　　萝卜中的B族维生素和钾、镁等矿物质可促进肠胃蠕动，萝卜还可消积滞，化痰清热。经过炒制，萝卜本身的"辣"味减少，煮制后萝卜甘甜，银鱼鲜美，易于宝宝接受。在天气干燥的季节，这道汤既可补充水分，也可促消化、增食欲。

宝宝说：
今天吃小小的银鱼。

温补脾胃 牛肉蔬菜南瓜盅

🍲 营 养 关 键 词：蛋白质 锌 维生素A 果胶

🍲 食 材：贝贝南瓜1个，牛里脊肉50克，胡萝卜、玉米粒、豌豆粒、小米、盐、生抽、淀粉、植物油适量。

🍲 做 法：

① 贝贝南瓜用软刷轻刷表面，冲洗干净，从顶部切开，用勺子挖去内瓤。

② 小米淘洗干净，提前泡30分钟；牛里脊肉洗净，切碎成肉末，加入生抽、淀粉拌匀；胡萝卜洗净切小丁；玉米粒和豌豆粒洗净，切碎。

③ 锅内放少量植物油，将牛里脊肉末炒散，加入胡萝卜丁、玉米碎、豌豆碎翻炒，加入盐调味，关火。将泡好的小米控干水分加入炒好的菜中拌匀。

④ 将拌匀的菜和小米放入南瓜盅内，盖上切下的南瓜顶部，放入蒸锅蒸熟。

宝宝说：

妈妈，你说的牛肉蔬菜饭在哪呢？

增长力气 洋葱牛肉饼

 营养关键词：蛋白质　B族维生素　铁　锌

食 材：牛里脊肉100克，洋葱1个，生抽、老抽、盐、白糖、植物油、芝麻油适量。

做 法：

❶ 洋葱剥去外皮洗净，横向从中间切开，再取一半从直径最大的一端切下，取3个最大圆环形洋葱圈备用。取少量剩下的洋葱切碎。

❷ 牛里脊肉剁成肉泥，加入适量生抽、少量老抽、少量白糖顺时针方向搅打，加入切好的洋葱碎、植物油和芝麻油继续搅打成肉馅。

❸ 将3个洋葱圈放在平盘内，分别在洋葱圈内填满搅打好的肉馅。

❹ 锅内放少量植物油，将填好肉馅的洋葱圈平放在锅内，小火盖盖煎至两面熟透。

💜 专家说

　　牛肉的蛋白质含量很高；洋葱富含微量元素硒，能增强细胞的活力和代谢能力，洋葱与牛肉搭配有增体力的功效。洋葱带有特殊的味道能增进宝宝的食欲，帮助消化。

宝宝说：
有圈圈的牛肉饼。

宝宝说:
哇呜,我一口吃下一个冬瓜块。

消暑补水 香菇肉末蒸冬瓜

 营养关键词: 蛋白质　铁

食　材:冬瓜250克,猪里脊肉50克,香菇3朵,葱花、香菜、生抽、淀粉、植物油适量。

做　法:

① 猪里脊肉洗净剁碎,加入生抽、淀粉腌10分钟;冬瓜去皮、去瓤,切1厘米块码放在盘内;香菇洗净,去蒂,切碎;香菜洗净,切碎。

② 锅内放少量油,放入葱花炒香,加猪肉末炒散,再放入香菇炒软,加少量生抽调味,将炒好的菜和肉淋在冬瓜块上,放入蒸锅蒸熟,出锅撒入香菜末。

专家说

冬瓜含水丰富,可以补充夏季身体流失的水分,是消暑补水的佳品。香菇与肉末搭配味道鲜美,为宝宝提供丰富的蛋白质,保证宝宝在炎热的夏季健康成长。

补铁补血 燕麦片蒸牛肉

🍲 营养关键词：蛋白质　B族维生素　维生素E　铁

🍲 食　材：牛腩100克，燕麦片100克，土豆1个，葱丝、生抽、老抽、淀粉、植物油适量。

🍲 做　法：

① 牛腩洗净，切0.5厘米厚的片，放入少量生抽、老抽、淀粉、葱丝腌30分钟。土豆洗净，去皮，切厚片。

② 燕麦片放入料理机中稍打碎，但不易打得过细。

③ 腌好的牛肉片放入打碎的燕麦片中，加入少量植物油拌匀，使每一片牛肉片都均匀裹上一层燕麦片。

④ 土豆片平铺在深一些的盘子或大碗里，将裹好燕麦片的牛肉片放到土豆片上，放入压力锅内蒸30分钟。

 专家说

　　燕麦中含有丰富的维生素B_1、维生素B_2、维生素E、叶酸等，可以帮助促进宝宝神经系统的发育；燕麦中含有的钙、磷、铁、锌、锰等矿物质能帮助促进骨骼生长，与含铁较多的牛肉搭配有助于预防宝宝贫血。

宝宝说：
我的妈妈是最棒的大厨师。妈妈，我爱你！

补中益气 **牛肉烧黄豆**

🍲 营养关键词：蛋白质　钙　铁　磷脂

🍲 食　材：牛里脊肉100克，黄豆50克，胡萝卜50克，姜2片，黄豆酱半勺，植物油适量。

🍲 做　法：

① 牛里脊肉洗净，切稍厚的小片；黄豆提前泡发；胡萝卜洗净去皮，切块。

② 锅内放水烧开，放入牛里脊肉片焯至变色捞出。

③ 锅内放少量植物油，烧热，放入姜片炒香，放入黄豆酱翻炒，加入焯好的牛里脊肉片、胡萝卜块、黄豆翻炒，加入适量清水，炖煮至肉熟豆熟。

 专家说

　　黄豆富含植物蛋白和钙，是补充营养的好食物；牛肉中富含优质动物蛋白。黄豆和牛肉搭配在一起食用可以促进蛋白质的吸收利用，补益效果加倍，有助于宝宝的生长发育。

宝宝说：
用豆豆做的酱
炖豆豆。

抗病补铁 西葫芦羊肉饺子

🍲 **营养关键词：** 蛋白质　铁　碳水化合物　膳食纤维

🍲 **食　材：** 西葫芦半根，羊肉100克，面粉、葱末、盐、生抽、植物油、芝麻油适量。

🍲 **做　法：**

① 面粉加适量水和成柔软面团，盖盖醒发30分钟。

② 羊肉洗净剁碎，加入少量盐和生抽拌匀。

③ 西葫芦洗净，擦成细丝，与葱末一起加入羊肉馅中，加植物油和芝麻油拌匀。

④ 面团分小剂儿，擀成圆面片，包入西葫芦肉馅，包成饺子，煮熟。

💗 **专家说**

　　羊肉肉质细嫩，容易消化吸收，有助于提高身体免疫力，且有滋补功效。西葫芦含维生素和水分较多，与羊肉一起做成饺子，肉馅鲜嫩可口，适合宝宝冬季食用。

　　饺子馅中还可加入紫菜碎，以补充铁、锌、硒和膳食纤维。

宝宝说：
我能吃几个饺子呢？让我数一数。

祛暑清热 豆芽肉丝炒面

🍲 营养关键词：蛋白质　碳水化合物　维生素C

🍲 食　材：猪里脊肉20克，绿豆芽50克，圆白菜50克，面条、生抽、淀粉、植物油适量。

🍲 做　法：

① 猪里脊肉洗净，切细丝，加入生抽、淀粉腌10分钟；绿豆芽洗净，去豆皮控干水分；圆白菜洗净，切细丝。

② 面条煮熟，捞出，过凉开水备用。

③ 锅内放少量植物油，放入猪肉丝炒散，放入绿豆芽和圆白菜丝翻炒，放入煮熟的面条，加入少量生抽翻炒均匀。

 专家说

　　绿豆在发芽的过程中，维生素C大量增加，所以绿豆芽的营养价值比绿豆更高。绿豆芽含水分多，有祛暑清热的功效，适合在夏季食用，可搭配粥、软饭等。

宝宝说：
豆豆发芽长
高啦！

补钙强体 玉米香芹烤饭团

🍲 **营养关键词：** 碳水化合物 维生素B₆ 维生素C 胡萝卜素 钙 硒

🍲 **食 材：** 米饭1碗，无盐虾皮10克，玉米粒50克，香芹50克，盐、生抽、植物油适量。

🍲 **做 法：**

① 玉米粒洗净切碎；香芹洗净切碎；虾皮洗净，控干水分，切碎；少量生抽和植物油混合拌匀。

② 将米饭放入大碗内，加入玉米碎、香芹碎、虾皮碎和少量盐混合拌匀。

③ 将混合好的米饭团成圆形，压成圆饼坯，表面刷上混合好的生抽和植物油，放入烤箱，烤至表面金黄。也可将饼坯放入煎锅，小火煎至两面金黄。

 专家说

　　香芹带有浓郁的独特味道，且香芹叶中的钙含量比茎的2倍还要多，将香芹茎和叶加入饭团，丰富了饭团的颜色，更提高了钙的摄入量，有助于宝宝长高。

宝宝说：
金黄的烤饭团，
真好吃。

增强体质 西蓝花土豆牛腩浓汤

 营养关键词：碳水化合物 铁 钙

 食 材：西蓝花20克，土豆半个，洋葱10克，少盐少调料的牛腩汤和牛腩适量，盐、生抽、植物油适量。

 做 法：

① 取适量煮好的牛腩，切碎；西蓝花洗净，分成小朵；洋葱洗净，切碎。

② 土豆洗净，去皮，切块，蒸熟。取一半蒸熟的土豆压成土豆泥，另一半切小丁。

③ 锅内放少量植物油，放入洋葱末炒香，倒入适量牛腩汤和切好的牛腩碎，加入西蓝花、土豆泥和土豆块，加入少量盐和生抽边煮边搅拌，煮至汤浓菜熟。

♥ 专家说

洋葱富含钾、维生素C、叶酸、锌、硒及纤维质等营养素，其中微量元素硒能够增强细胞的活力和代谢能力，提高宝宝的抗病能力。

宝宝说：
妈妈说今天吃西餐美食！

补铁健脑 金针木耳蒸鸡块

 营养关键词： 蛋白质　铁　卵磷脂

食　材： 鸡腿2个，黑木耳30克，黄花菜30克，葱丝、姜丝、生抽、淀粉、植物油适量。

做　法：

① 鸡腿去皮去骨，切小块，加入葱丝、姜丝、生抽和淀粉腌30分钟；黑木耳、黄花菜提前泡发，去根，洗净。

② 黑木耳撕成小片、黄花菜切小段，放入腌好的鸡腿块中，加适量植物油，拌匀，放入大碗中，入蒸锅蒸20分钟至熟。

专家说

黑木耳含铁元素较多，是天然的补血食材。

黄花菜也称金针菜，含有碳水化合物、蛋白质以及丰富的卵磷脂，卵磷脂能够增强和改善大脑功能，帮助促进宝宝的脑部发育，因此也被人们称为"健脑菜"。

宝宝说：
黄花，黄色的花
在哪呢？

宝宝说：

好香呀，还没吃我就闻到香味儿了。

 益血明目 # 洋葱胡萝卜烧羊肉

📋 营养关键词：蛋白质　铁　胡萝卜素

📋 食　材：羊肉250克，胡萝卜1根，洋葱半个，姜2片，花椒10粒，生抽、老抽、料酒、植物油适量。

📋 做　法：

① 羊肉洗净切块；胡萝卜洗净，去皮，切滚刀块；洋葱洗净，切块。

② 锅中放水，加入两勺料酒，放入羊肉块焯去血沫，捞出。

③ 将焯好的羊肉块放入压力锅中，花椒粒放入调料盒中，一同放入锅中，加少量温水煮熟。

④ 锅中放少量植物油，放入姜片爆香，放入胡萝卜块、洋葱块煸炒，加入生抽、老抽翻炒，加入煮好的羊肉和汤，大火煮至胡萝卜软熟。

💙 专家说······

　　羊肉有益血、补肝、明目的功效，与富含胡萝卜素的胡萝卜搭配可帮助促进宝宝视力发育。

　　羊肉与胡萝卜、洋葱同烧，不但可以去掉膻味，还能弥补羊肉所缺乏的胡萝卜素和维生素，这样烧出来的羊肉，吃起来不仅没有油腻感，营养也更全面。

　　洋葱胡萝卜烧羊肉适合冬季天气寒冷时食用。宝宝有发热、上火症状时不宜食用。

莴笋鸭汤

🗁 营养关键词：蛋白质　钾　膳食纤维

🗁 食　材：鸭腿2个，莴笋100克，胡萝卜、玉米粒、葱片、姜丝、盐、植物油适量。

🗁 做　法：

① 鸭腿去油脂，放入沸水中焯烫去血沫。加入葱片、姜丝和适量清水小火煮1~1.5小时，将鸭腿肉切碎；鸭汤过滤留汤。

② 莴笋洗净去皮，切小条；胡萝卜洗净去皮，切小丁；玉米粒洗净。

③ 锅内放少量植物油，放入胡萝卜丁和玉米粒炒熟。

④ 将过滤好的鸭汤放入锅中，加入莴笋条、碎鸭肉煮2分钟，加盐调味，盛入大碗，撒上炒好的胡萝卜丁和玉米粒。

宝宝说：
脆脆的莴笋条，还有香香的鸭肉。

益智补钙 鸡蛋金枪鱼全麦三明治

 营养关键词： 蛋白质　碳水化合物　卵磷脂　维生素

食　材： 全麦面包2片，金枪鱼罐头50克，鸡蛋1个，奶酪1片，甜玉米粒、圣女果、生菜叶、柠檬汁适量。

做　法：

1 鸡蛋洗净煮熟，剥去外壳，将蛋白和蛋黄分开，分别切碎；甜玉米粒洗净，焯熟；圣女果洗净切碎；生菜叶洗净切丝。

2 金枪鱼、鸡蛋碎、甜玉米粒、圣女果碎、生菜叶丝加入少量柠檬汁拌匀。

3 将一片全麦面包放在砧板上，均匀铺上拌好的沙拉，将奶酪片放在上面，再放上另一片面包片，轻压一下，用刀将夹好沙拉的面包片对角切开。

♥ **专家说**

　　鸡蛋、金枪鱼、玉米搭配在一起，卵磷脂和不饱和脂肪酸含量较多，有益智功效。

　　奶酪制品较一般奶制品含钙高，是适合生长发育期宝宝食用的。全麦面包提供丰富的B族维生素，鸡蛋、金枪鱼和奶酪提供丰富的蛋白质和钙，再加上酸甜的番茄和玉米，营养更加均衡且有益于养成健康的饮食习惯。

宝宝说：

带上三明治，我要去郊游！

香甜水果餐

健脾养胃 # 奶香水果紫米粥

营养关键词：蛋白质　碳水化合物　维生素

食　材：紫米80克，猕猴桃1个，芒果1个，牛奶或冲调好的配方奶适量。

做　法：

① 紫米淘洗干净，提前泡30分钟，加适量清水煮成紫米粥，加入牛奶煮2分钟。
（如需加入冲调好的配方奶，可直接加入紫米粥中，不需将配方奶加热煮沸。）

② 猕猴桃洗净去皮，切小块；芒果去皮，去内核，将果肉切成小块。

③ 将煮好的紫米粥盛入小碗，撒入切好的猕猴桃块和芒果块。

 专家说

　　紫米中含有丰富的蛋白质、脂肪、赖氨酸、核黄素、硫安素、叶酸等，同时还含有丰富的矿物质，有补血益气、暖脾胃、促消化的功效。与水果、牛奶搭配口味香甜软糯，是宝宝喜爱的一道甜品。

宝宝说：
今天的粥五颜六色。

防病健体 水果鸡肉盅

 营养关键词： 蛋白质　B族维生素　维生素C　铁　钙　花青素

食　材： 火龙果半个，鸡胸肉50克，红椒20克，黄椒20克，熟腰果、柠檬汁、盐、淀粉、橄榄油适量。

做　法：

① 鸡胸肉洗净切小丁，加入盐、淀粉、少量柠檬汁腌10分钟，煎熟。

② 火龙果纵向从中间一剖为二，取一半，挖出内瓤，切块；红、黄椒洗净切丁；熟腰果用刀切碎粒。

③ 柠檬汁、盐、橄榄油混合搅拌成沙拉汁。

④ 将鸡肉丁、火龙果丁、红黄椒丁、熟腰果碎放入大碗，淋入沙拉汁拌匀，放入挖出果肉的火龙果盅内。

♥ 专家说

火龙果营养丰富，含有蛋白质、B族维生素、维生素C、铁、磷、钙、镁、钾、膳食纤维等。火龙果中的含铁量比一般的水果要高，可以帮助预防宝宝缺铁性贫血。

火龙果和红、黄彩椒搭配，维生素C丰富，可以增强宝宝的抵抗力，非常适合春秋季节给宝宝食用。

宝宝说： 今天的火龙果小碗真漂亮！

宝宝说：
这么多水果呀。

 提升免疫力 **水果三明治**

营养关键词：钙　钾　铁　锌　维生素C

食　材：吐司1片，香蕉半根，橙子半个，猕猴桃半个，蓝莓数粒，花生酱适量。

做　法：

① 橙子洗净去皮，横向切片。

② 猕猴桃去皮，横向切片。

③ 蓝莓洗净；香蕉去皮，切片。

④ 吐司切去四边硬边，均匀涂抹一层花生酱，将切好的橙子片、猕猴桃片、香蕉片码放在吐司面包片上，中间点缀蓝莓，轻轻压实水果片。

⑤ 将码放水果片的正方形面包片切开，方便宝宝拿取。

❤ 专家说 ┈┈┈

　　水果含有丰富的维生素，水果三明治放入了多种水果，使营养更全面均衡，提升宝宝的免疫力。花生酱含丰富的不饱和脂肪酸，与丰富维生素搭配，提高了营养的吸收和利用率。在做法上也是非常健康，不加热，保留更多的营养物质。

解暑消食 菠萝海鲜饭

🍲 营养关键词：蛋白质 磷 果糖 多种维生素

🍲 食 材：鸡蛋1个，虾仁3个，菠萝果肉、青红椒、洋葱、葡萄干、米饭、盐、植物油适量。

🍲 做 法：

① 菠萝果肉用淡盐水浸泡20分钟，捞出切小丁；青红椒、洋葱洗净，切小丁；葡萄干洗净，控干水分；虾仁洗净，去虾线，切粒；鸡蛋磕入碗中，打散。

② 锅内放少量油，放入打散的鸡蛋，炒散，盛出。放入虾仁粒炒至变色，放入切好的青红椒粒、洋葱粒，再放入鸡蛋翻炒，放入米饭炒匀，加少量盐调味，关火后加入菠萝丁和葡萄干拌匀。

 专家说

菠萝含有丰富的维生素和钙、磷、钾等矿物质，味道酸甜。菠萝有解暑止渴、消食止泻的功效。夏季宝宝容易食欲减退，在炒饭中加入菠萝丁和葡萄干可提升味道，刺激味蕾，增进宝宝食欲。

宝宝说：
妈妈说今天的炒饭里有酸酸甜甜的菠萝。

开胃消食 **山楂糕**

营养关键词：维生素C 钙 铁 膳食纤维

食　材：山楂300克，白糖200克，鲜榨柠檬汁适量。

做　法：

① 山楂洗净切两半，去核，放入锅中，加少量水小火煮，待看到山楂变软，将山楂捞出，放入料理机中，搅打成泥。

② 将打好的山楂泥倒入不粘锅中，加入白糖和少量柠檬汁，调小火，边煮边用勺子搅动，熬煮至汤汁黏稠。

③ 趁热倒入不粘的容器中，将表面抹平。晾凉后放入冰箱冷藏2小时以上，将容器取出倒扣，切成片或块。

 专家说

山楂中含有丰富的膳食纤维、钙、铁、钾和维生素C，能开胃消食，特别对肉食积滞的消食作用更好。山楂糕虽好吃，但含糖量较高，食用后最好让宝宝漱漱口或喝点白开水。

宝宝说：
酸酸甜甜，妈妈
和我一起吃。

◎ 全面型食物宝宝饮食配餐

这个年龄段的宝宝大动作发展较快，外出活动时间加长。给宝宝的配餐应注意主食多变换花样，激发宝宝的食欲，保证主食的摄入量，来满足每日能量的需求。还要注意优质蛋白和钙的供应，保证每日奶量的同时选择鱼、肉等营养密度较高的食物。

春季1周辅食配餐

餐次 周次	早餐	加餐	午餐	加餐	晚餐	睡前
周一	母乳或配方奶 + 香菇油菜素包 + 虾仁蒸蛋	母乳或配方奶	米饭 + 芝香秋葵 + 丝瓜毛豆汤	酸奶 苹果	馒头 + 西蓝花 土豆牛腩浓汤	母乳或配方奶
周二	母乳或配方奶 + 鸡蛋金枪鱼全麦 三明治 + 核桃花生紫米糊	母乳或配方奶	陈皮红豆二米软饭 + 洋葱牛肉饼 + 鸡汤 娃娃菜	酸奶 木瓜	玉米香芹烤饭 团 + 西红柿豌 豆浓汤	母乳或配方奶
周三	母乳或配方奶 + 牛奶花生麦片粥 + 豆腐菠菜鸡蛋卷	母乳或配方奶	西葫芦羊肉饺子	酸奶 香蕉	豆芽肉丝炒面 + 香菇茭白牛 肉粥	母乳或配方奶
周四	母乳或配方奶 + 煮鸡蛋 + 空心菜 肉末粥	母乳或配方奶	南瓜葡萄干软饭 + 金针木耳蒸鸡块 + 莴笋胡萝卜海带丝	酸奶 火龙 果	玉米鲜肉 小馄饨	母乳或配方奶
周五	母乳或配方奶 + 豆腐菠菜鸡蛋卷 + 雪梨银耳小米粥	母乳或配方奶	米饭 + 油菜双色豆 腐 + 洋葱胡萝卜烧 羊肉	酸奶 猕猴 桃	蘑菇海鲜意面 + 莴笋鸭汤	母乳或配方奶
周六	母乳或配方奶 + 西葫芦芝麻鸡蛋 饼 + 空心菜肉末 粥	母乳或配方奶	软饭 + 三文鱼土豆 饼 + 西红柿豌豆浓 汤	酸奶 草莓	莲藕胡萝卜蒸 肉丸 + 奶香水 果紫米粥	母乳或配方奶
周日	母乳或配方奶 + 紫薯香蕉卷 + 玉米鲜肉小馄饨	母乳或配方奶	菠萝海鲜饭 + 豆腐 菠菜鸡蛋卷 + 红豆 银耳茄子羹	酸奶 樱桃	青椒牛肉丝面 + 银鱼萝卜汤	母乳或配方奶

注：1岁后宝宝的早餐可将母乳或配方奶与辅食添加时间稍分开，起床后先喝母乳或配方奶，隔一会儿再食用辅食。给宝宝食用的酸奶建议选择无糖酸奶，全书同。

夏季1周辅食配餐

餐次 周次	早餐	加餐	午餐	加餐	晚餐	睡前
周一	母乳或配方奶 + 胡萝卜肉末蒸饺 + 虾仁蒸蛋	母乳或 配方奶	米饭 + 牛肉烧黄豆 + 肉末炒空心菜	酸奶 西瓜	山药香菇瘦肉饭 + 冻豆腐木耳蛋 皮汤	母乳或 配方奶
周二	母乳或配方奶 + 水果三明治 + 煮鸡蛋	母乳或 配方奶	米饭 + 牛肉蔬菜南瓜盅 + 银鱼萝卜汤	酸奶 梨	香菇油菜素包 + 鸡汁干丝黑木 耳汤	母乳或 配方奶
周三	母乳或配方奶 + 木瓜蛋羹 + 小白菜肉末疙瘩 汤	母乳或 配方奶	米饭 + 秋葵核桃仁炒鸡丁 + 玉米鲈鱼羹	酸奶 葡萄	青椒牛肉丝面 + 火龙果甜虾	母乳或 配方奶
周四	母乳或配方奶 + 煮鸡蛋 + 香菇茭白牛肉粥	母乳或 配方奶	西葫芦羊肉饺子 + + 丝瓜毛豆汤	酸奶 蜜瓜	玉米香芹烤饭团 + 西蓝花土豆牛 腩浓汤	母乳或 配方奶
周五	母乳或配方奶 + 苦瓜胡萝卜煎蛋 + 香菇茭白牛肉 粥	母乳或 配方奶	米饭 + 燕麦片蒸牛 肉 + 鸡汤娃娃菜	酸奶 香蕉	西蓝花鸡肉小 米粥 + 苹果胡 萝卜小饼	母乳或 配方奶
周六	母乳或配方奶 + 香菇油菜素包 + 黑白芝麻粥	母乳或 配方奶	菠萝海鲜饭 + 香菇 肉末蒸冬瓜 + 西红 柿豌豆浓汤	酸奶 火龙果	鲜藕玉米饺 + 香芋牛奶麦片 粥	母乳或 配方奶
周日	母乳或配方奶 + 鸡蛋金枪鱼全麦 三明治	母乳或 配方奶	南瓜葡萄干软饭 + 水果鸡肉盅 + 银鱼 萝卜汤	酸奶 苹果	蘑菇海鲜意面 + 奶香水果紫米 粥	母乳或 配方奶

秋季1周辅食配餐

餐次 周次	早餐	加餐	午餐	加餐	晚餐	睡前
周一	母乳或配方奶 + 煮鸡蛋 + 空心菜肉末粥	母乳或 配方奶	米饭 + 秋葵核桃仁 炒鸡丁 + 丝瓜毛豆 汤	酸奶 苹果	玉米鲜肉小馄饨 + 苹果红枣银耳 露	母乳或 配方奶
周二	母乳或配方奶 + 虾仁蒸蛋 + 牛肉金针碎面	母乳或 配方奶	西红柿鱼丸饭 + 肉末蒸茄子 + 莴笋 鸭汤	酸奶 梨	香菇油菜素包 + 空心菜肉末粥	母乳或 配方奶
周三	母乳或配方奶 + 豆腐菠菜鸡蛋卷 + 香菇茭白牛肉 粥	母乳或 配方奶	米饭 + 金针木耳蒸 鸡块 + 西红柿豌豆 浓汤	酸奶 猕猴桃	蘑菇海鲜意面 + 苹果胡萝卜小米 粥	母乳或 配方奶
周四	母乳或配方奶 + 虾仁蒸蛋 + 山药红枣莲子羹	母乳或 配方奶	胡萝卜肉末蒸饺 + 雪梨银耳小米粥	酸奶 柿子	玉米香芹烤饭团 + 西蓝花土豆牛 腩浓汤	母乳或 配方奶
周五	母乳或配方奶 + 煮鸡蛋 + 奶香水果紫米粥	母乳或 配方奶	红薯软饭 + 洋葱牛肉饼 + 口蘑豆腐羹	酸奶 橙子	豆芽肉丝炒面 + 粟茸白菜鸡肉粥	母乳或 配方奶
周六	母乳或配方奶 + 火龙果蛋羹 + 玉米鲜肉小馄饨	母乳或 配方奶	陈皮红豆二米软饭 + 软蒸鸡肝肉饼 + 莴笋胡萝卜海带丝	酸奶 香蕉	青椒牛肉丝面 + 核桃花生紫米糊	母乳或 配方奶
周日	母乳或配方奶 + 虾仁蒸蛋 + 水果三明治	母乳或 配方奶	菠萝海鲜饭 + 牛肉 烧黄豆 + 西红柿豌 豆浓汤	酸奶 橘子	西葫芦芝麻鸡蛋 饼 + 小白菜肉末 疙瘩汤	母乳或 配方奶

冬季1周辅食配餐

餐次 周次	早餐	加餐	午餐	加餐	晚餐	睡前
周一	母乳或配方奶 + 煮鸡蛋 + 西蓝花鸡肉小米粥	母乳或配方奶	米饭 + 芝香秋葵 + 香菇酿虾仁豆腐	酸奶 苹果	鸡汤双花面 + 三文鱼土豆饼	母乳或配方奶
周二	母乳或配方奶 + 豆腐菠菜鸡蛋卷 + 苹果胡萝卜小饼	母乳或配方奶	红薯软饭 + 白菜肉卷 + 西蓝花土豆牛腩浓汤	酸奶 梨	香菇油菜素包 白萝卜香菜粥	母乳或配方奶
周三	母乳或配方奶 + 虾仁蒸蛋 + 西红柿三文鱼麦片粥	母乳或配方奶	米饭 + 洋葱胡萝卜烧羊肉 + 冻豆腐木耳蛋皮汤	酸奶 猕猴桃	芥蓝牛肉炒面 + 苹果红枣银耳露	母乳或配方奶
周四	母乳或配方奶 + 煮鸡蛋 + 西蓝花鸡肉小米粥	母乳或配方奶	鲜藕玉米饺 + 雪梨银耳小米粥	酸奶 火龙果	西葫芦芝麻鸡蛋饼 + 紫菜肉末蛋花粥	母乳或配方奶
周五	母乳或配方奶 + 虾仁蒸蛋 + 海苔核桃软饭团 + 红薯枣泥小米粥	母乳或配方奶	山药香菇瘦肉饭 + 香菇肉末蒸冬瓜 + 鸡汁干丝黑木耳汤	酸奶 橙子	蘑菇海鲜意面 + 香芋紫米羹	母乳或配方奶
周六	母乳或配方奶 + 鸡蛋金枪鱼全麦三明治 + 牛奶花生麦片粥	母乳或配方奶	陈皮红豆二米软饭 + 金针木耳蒸鸡块 + 西蓝花土豆牛腩浓汤	酸奶 香蕉	豆芽肉丝炒面 + 紫薯百合银耳羹	母乳或配方奶
周日	母乳或配方奶 + 虾仁蒸蛋 + 苹果胡萝卜小饼	母乳或配方奶	米饭 + 牛肉蔬菜南瓜盅 + 西红柿豌豆浓汤	酸奶 猕猴桃	玉米鲜肉小馄饨 + 莴笋胡萝卜海带丝	母乳或配方奶

第三章

宝宝常见病特别调理辅食

宝宝年龄小，在成长过程中身体难免会出现一些"小恙"，巧用身边常见的食材，通过"食疗"调理可以帮助宝宝减少病患，让宝宝更安全，妈妈更放心。

29道宝宝常见病食疗餐为宝宝的健康成长保驾护航。

腹　泻

　　腹泻是婴幼儿最常见的多发性疾病。当宝宝出现大便性状突然改变和大便频率增加的症状时，如同时伴有呕吐、发热的症状，很可能是肠道感染引起的腹泻，应立即到医院就诊。如没有其他症状，只是大便质稀软、次数增多，有可能是由于饮食不当或受凉引起的腹泻，可以试着通过饮食进行调理。

　　腹泻宝宝应保证摄入足够的液体，预防脱水。已经开始添加辅食的宝宝可进食汤水类饮食，如苹果汁、米汤等。

　　腹泻宝宝应少量多次进餐，以减少胃肠道的负担。制作的食物应软烂一些、温一些、淡一些，保证营养成分易被吸收，可选择山药、红枣、小米等温补脾胃，调理肠胃。

　　腹泻宝宝应选择低膳食纤维、低脂肪、低糖的食材，以免加重腹泻症状。

腹泻特别调理餐

大米汤

　🍲 食　材：大米100克。

　🍲 做　法：

　❶ 大米淘洗干净，泡30分钟。

　❷ 锅内放入水，加入泡好的大米，煮至米烂开花，取上层米汤。

　适合6个月以上宝宝。

焦米汤

　🍲 食　材：大米50克。

　🍲 做　法：

　大米放入铁锅内炒出米香，至米粒稍变黄，放入煮锅中，加5倍水煮成焦米粥，取上层米汤。

　适合6个月以上宝宝。

蒸苹果

食 材：苹果1个。

做 法：

① 苹果表皮清洗干净后再用盐轻轻搓洗，冲洗干净，纵向切开，去核，切成条，码在盘内。

② 放入蒸锅蒸8~10分钟。

③ 取出晾温后连皮吃下。

适合6个月以上宝宝。

胡萝卜水

食 材：胡萝卜1根。

做 法：

① 胡萝卜洗净切小块，加适量水煮20分钟。

② 过滤取汁。喝时保持温热不烫。或将洗净切好的胡萝卜蒸熟，制成胡萝卜泥给宝宝食用。

适合6个月以上宝宝。

姜枣饮

食 材：红枣 5 个，干姜 3 克。

做 法：

① 红枣冲洗干净。用刀在红枣表皮竖向划开3~4个口。

② 姜洗净切片。

③ 将红枣和姜片放入汤锅中，大火烧开，小火继续煮30分钟。晾至温热后给宝宝食用。

适合6个月以上宝宝。

便　秘

便秘主要是由于饮食和生活不规律造成的。宝宝便秘的主要症状是在排便过程中哭闹、排便费力、大便干硬、腹部胀满。宝宝的肠道功能还不是很完善，如果使用助排便药物，则易引起肠道功能紊乱。所以应从小培养宝宝有规律排大便的习惯，饮食上做到荤素搭配、粗细搭配，每日保证摄入足量的蔬菜和水果，以预防便秘的发生。

宝宝发生便秘后最好先通过饮食进行调理。母乳喂养的宝宝，哺乳妈妈应减少脂肪含量高和高蛋白食物的摄入，多吃蔬菜水果和粗杂粮，多喝清淡汤水；配方奶喂养的宝宝可增加喂水次数，保证摄入足量的水分；添加辅食的宝宝减少肉蛋类的摄入，要多喝水，增加有助排便的汤水、蔬菜和水果的摄入量。有助排便的食物有火龙果、梨、猕猴桃、香蕉、红薯、黑木耳等。1岁以上的宝宝可用酸奶调理肠道，一次不宜食用过量，一天一次，每次50毫升。

便秘特别调理餐

红薯粥

　🍲　食　材：红薯半根，大米50克。

　🍲　做　法：

　　❶ 大米淘洗干净，加适量水泡30分钟；红薯洗净去皮，切小块。

　　❷ 大米和红薯块放入锅中，加适量水，煮成粥。

　　红薯中富含膳食纤维，有润肠通便的作用，红薯块不宜切得太小。

　　适合6个月以上宝宝。

松子黑芝麻糊

🍲 食　材：松子10克，黑芝麻5克。

🍲 做　法：

① 松子、黑芝麻放入铁锅中炒熟。

② 将炒熟的松子和黑芝麻放入料理机中打成粉。

③ 将松子黑芝麻粉放入锅中，加适量清水，大火煮开后，边煮边搅拌，煮至糊状，盛出，晾至温热。

适合10个月以上宝宝。

甜(南)杏仁粥

🍲 食　材：甜（南）杏仁5~10克，大米20克。

🍲 做　法：

① 甜（南）杏仁用料理机打碎。

② 大米淘洗干净，加入打碎的杏仁煮成粥。

适合1岁以上宝宝。

甜梨芹菜汁

🍲 食　材：梨半个，芹菜（连茎带叶）两根。

🍲 做　法：

① 梨洗净，用盐轻搓表皮，冲净，去核，切块；芹菜洗净，切小段。

② 将切好的梨块和芹菜段放入破壁料理机中打成汁。

适合1岁以上宝宝。

黑木耳拌莴笋

🍲 食　材：莴笋200克，黑木耳20克，芝麻粉、盐、芝麻油适量。

🍲 做　法：

方法一

①　黑木耳提前泡发，去根，洗净切丝，过沸水焯烫捞出，控干水分。

②　莴笋取茎部洗净，去皮切丝，取嫩叶洗净切丝，将切好的莴笋丝和莴笋叶丝放入大碗，加少量盐腌10分钟，控去水分。

③　将黑木耳丝、莴笋丝、莴笋叶丝放入大碗，加入盐、芝麻粉和少量芝麻油拌匀。

方法二

①　黑木耳提前泡发，去根，洗净切丝，过沸水焯烫捞出，控干水分。

②　莴笋取茎部洗净，去皮切丝，取嫩叶洗净切丝。

③　锅内放少量芝麻油，放入黑木耳丝、莴笋丝和莴笋叶丝翻炒，加少量盐调味。

适合1岁以上宝宝。

脾胃失调

　　宝宝胃肠道发育尚未完善，如果饮食不当，很容易出现没有胃口、消化不良的症状。出现这些症状后应多带宝宝到户外，增加运动量；养成健康的饮食习惯，减少零食的摄入，尤其是在餐前不给宝宝吃零食；进行饮食调理，减少脂肪类食物的摄入，多食用有助消化和易于消化的食物，如小米、南瓜、山药、胡萝卜、白萝卜、山楂、柠檬、酸奶等。

脾胃失调特别调理餐

山楂胡萝卜粥

　　食　材：山楂1个，胡萝卜20克，小米50克。

　　做　法：

❶ 山楂洗净，去核切碎；胡萝卜洗净，去皮切碎；小米淘洗干净。

❷ 将小米、山楂碎、胡萝卜碎一起放入锅中，加适量水，煮成粥。

适合8个月以上宝宝。

南瓜奶糊

　　食　材：南瓜50克，温水或冲调好的配方奶适量。

　　做　法：

❶ 南瓜洗净，去皮切块，放入碗内，蒸熟。

❷ 将蒸熟的南瓜块放入料理机中加适量温开水或冲调好的配方奶打成糊。

适合10个月以上宝宝。

山药茯苓核桃粥

食　材：山药30克，茯苓粉10克，熟核桃仁2个，大米50克。

做　法：

❶ 山药去皮，切小丁；熟核桃仁碾碎；茯苓粉加少量水调匀；大米淘洗干净。

❷ 锅内放入适量水，加入大米、山药丁，煮开，放入调匀的茯苓水，煮成粥，撒入核桃仁碎。

适合1岁以上宝宝。

山药陈皮粥

食　材：山药30克，陈皮10克，大米50克。

做　法：

❶ 山药去皮，切小丁；陈皮清水泡软；大米淘洗干净。

❷ 锅内放入适量水，加入大米、山药丁、陈皮，熬煮至米烂开花。

❸ 将陈皮挑出，晾温即可食用。

适合1岁以上宝宝。

酸奶吐司杯

食　材：全麦吐司半片，原味酸奶50毫升，应季水果适量。

做　法：

❶ 应季水果洗净，去皮切块。

❷ 烤箱200度预热，放入吐司片，上下火力烤5分钟至两面金黄色，取出晾凉切小块。

❸ 将切好的面包块放入碗中，上面放水果块，淋上原味酸奶食用。

适合1岁以上宝宝。

口腔溃疡

　　宝宝口内生溃疡后会感到非常疼痛，吃东西的时候更为明显。家长首先要仔细观察孩子的口腔，找到溃疡的具体部位。如果溃疡在颊黏膜处，进一步要查看患处附近的牙齿是否有尖锐、不光滑的缺口，如果有这种缺口，就应当带孩子去医院处理。家长还要注意如果是某种全身性疾病在口腔中的一种表现，如手足口病，也应及时到医院就诊。

　　如果是因为上火或磨牙食物造成的溃疡，要先喂食一些温开水，保持口腔内的卫生。接着安排宝宝吃一些清淡的流食，以减轻疼痛。

口腔溃疡特别调理餐

西红柿汁

🍲 食　材：西红柿2个。

🍲 做　法：

西红柿洗净，在上部用刀轻划十字，放入沸水中，果皮裂开立刻捞出，顺裂纹将皮剥下，切块，放入料理机中，加少量温开水，制成汁。

适合8个月以上宝宝。

鸡蛋绿豆水

🍲 食　材：鸡蛋1个，绿豆适量。

🍲 做　法：

❶ 鸡蛋将表面清洗干净，将蛋液磕入碗中打散。

❷ 绿豆清洗干净提前泡水。将泡好的绿豆放入锅中，大火煮开后继续煮2分钟。

❸ 用滚开的绿豆水快速冲入蛋液，使蛋液变熟，凝固成蛋花状。

每日早晚各1次。

适合1岁以上宝宝。

莲藕白萝卜汁

🍲 食　材：莲藕50克，白萝卜50克。

🍲 做　法：

① 莲藕洗净，去皮切小块。

② 白萝卜洗净，去皮切小块。

③ 将莲藕块、白萝卜块放入原汁机中榨出果汁。

如使用料理机，需加少量温开水，搅成果汁，过滤去渣后食用。

适合1岁以上宝宝。

咳　嗽

宝宝咳嗽易发生在春季、秋季和冬季。如果宝宝只出现轻微咳嗽症状，无发热、身体疼痛等症状，可以通过多喝水，食用润肺、化痰的食物，以帮助宝宝止咳。如宝宝出现伴有发热、呕吐的咳嗽应立即到医院就诊和医治，以免延误病情。

咳嗽的宝宝在饮食上应多喝热水，稀释痰液，使痰液顺利排出，补充身体所需水分。饮食清淡、易消化，减少高脂肪、高糖的食物摄入，避免痰液生成，使咳嗽加重。多食用润肺化痰食物，如梨、白萝卜、枇杷、荸荠、银耳等。

咳嗽特别调理餐

银耳羹

🍲 食　材：银耳3朵。

🍲 做　法：

银耳提前泡发，去蒂，撕成小片，放入锅内，加适量水，煮至银耳软糯，汤汁黏稠。

适合6个月以上宝宝。

蒸梨盅

🍲 食　材：梨1个，黑芝麻粉适量。

🍲 做　法：

❶ 梨从顶部横断切开，挖出果核，放入黑芝麻粉，将切下的梨盖上，用牙签固定放入碗内。

❷ 将碗放入蒸锅，蒸30分钟，连皮带汤一起吃下。

黑芝麻粉也可用川贝粉替换。

适合6个月以上宝宝。

烤橘子

🍲 食　材：橘子1个。

🍲 做　法：

将橘子放在火上烤，边烤边转动橘子，待看到橘子冒出热气后取下来，稍晾，剥开橘皮，趁橘子瓣温热让宝宝吃下。

给1岁以下小宝宝食用时，将烤好的橘瓣捣出橘汁趁温热喂给宝宝。

适合6个月以上宝宝。

萝卜蜂蜜饮

🍲 食　材：白萝卜50克，蜂蜜适量。

🍲 做　法：

将白萝卜去皮切块，放入料理机中打碎，过滤去渣，取汁，调入少量蜂蜜。

适合1岁以上宝宝。

甘蔗荸荠水

🍲 食　材：竹蔗干1段，鲜荸荠8个。

🍲 做　法：

1️⃣ 鲜荸荠去皮洗净；竹蔗干洗净。

2️⃣ 将竹蔗干和荸荠放入锅中，加入适量清水，煲煮30分钟。

竹蔗干可用鲜甘蔗替换，鲜甘蔗洗净，去皮，剁开，与荸荠同煮。

甘蔗中含糖，汤中带有自然的甜味，不需额外放糖调味。

适合1岁以上宝宝。

百合枇杷羹

🍲 食　材：枇杷4个，干百合10克，冰糖10克。

🍲 做　法：

1️⃣ 干百合洗净，用清水泡软；枇杷洗净去皮，去核，切小块。

2️⃣ 将枇杷、百合、冰糖放入炖盅，加适量清水。将炖盅放入蒸锅中，隔水蒸30分钟。

也可选用鲜百合，洗净后直接与枇杷一起放入炖盅。

适合1岁以上宝宝。

湿 疹

湿疹是宝宝常见的皮肤病之一，俗称"奶癣"，湿疹与宝宝的体质有关，也与喂养不当有关。湿疹初起时皮肤发红，随后出现较密集的红色丘疹或小水疱，水疱破后流黄水糜烂，水干后结黄痂。宝宝出湿疹后瘙痒异常，会用手搔抓患处而引起破溃，甚或继发感染。宝宝出湿疹后要注意患处的清洁，在饮食上通过食疗也可以起到一定的调理作用。

湿疹特别调理餐

玉米须汤

食　材：玉米须20克。

做　法：

玉米须用清水洗净，放入锅中，加适量水，煮20分钟。可作为日常饮水喂给宝宝。

适合6个月以上宝宝。

绿豆薏苡仁汤

食　材：绿豆25克，薏苡仁25克，百合干10克。

做　法：

① 绿豆、薏苡仁、百合干淘洗干净后用水浸泡。

② 绿豆、薏苡仁、百合放入锅中，加入适量水，煮30分钟，取汤汁。

适合1岁以上宝宝。

荷叶莲子粥

🍲 食　材：鲜荷叶1/4张，大米50
克，莲子20克。

🍲 做　法：

① 大米淘洗干净，提前浸泡30分
钟；莲子洗净，提前泡发；荷叶洗
净。

② 锅内放水，烧开，加入大米、
泡好的莲子，同煮至米粒开花、莲
子软糯。将洗净的鲜荷叶盖在粥面
上，煮2分钟，粥变淡绿色即可。

适合1岁以上宝宝。

三豆甘草汤

🍲 食　材：红豆30克，绿豆30克，黑
豆30克，甘草10克。

🍲 做　法：

① 红豆、绿豆、黑豆洗净，提前泡
发；甘草洗净。

② 锅内加适量水，放入泡好的红
豆、绿豆、黑豆和甘草，煮至豆熟
烂，将甘草挑出。喝汤吃豆。

适合1岁以上宝宝。

马齿苋粥

食　材：鲜马齿苋30克，大米50克。

做　法：

① 大米淘洗干净，加适量清水熬煮成粥。

② 鲜马齿苋清洗干净，放入沸水中焯烫，捞出，切碎。

③ 将切碎的马齿苋放入大米粥中煮8~10分钟。

马齿苋也叫马齿菜，春季是马齿苋成熟的季节，可洗净焯烫后冷冻保存。药店中有售干马齿苋，药效相同。

宝宝长湿疹后也可用马齿苋煮水外用洗浴，每日2~3次。

适合1岁以上宝宝。

第四章

宝宝功能性特别营养辅食

要想小苗长得好，还需要给它们提供特别的营养。

婴幼儿期是一个人身体和大脑发育最旺盛的时期，6 个月左右宝宝的牙齿开始萌出，7 个月宝宝开始爬行，10 个月宝宝不断学习和运用眼手脑协调精细动作，1 岁的宝宝开始走、跑和咿呀学语……

20 道特别营养辅食，为宝宝的健康聪慧加油！

关键词：长高护齿

宝宝的身高70%由先天遗传决定，30%是受后天因素影响，其中后天因素与睡眠、饮食和锻炼有关，而"饮食"是非常重要的一方面。

在饮食上，首先要做到营养均衡，每天保证五谷杂粮、水果、蔬菜的摄入，做到主食粗细搭配，菜品荤素搭配，各种蔬菜水果相搭配，让宝宝喜欢上各种食物，接受不同的味道，做到不挑食、不偏食。

其次要为宝宝提供"长高"的关键营养——优质蛋白质、钙、磷、锌、维生素等。

蛋白质：蛋白质是构成生命的物质基础，骨骼的生长发育也离不开蛋白质。蛋白质的来源可分为动物性蛋白质和植物性蛋白质。奶、蛋、肉为人体提供动物性蛋白质；豆、豆制品、坚果为人体提供植物性蛋白质，两种蛋白质相互搭配可以提高蛋白质的吸收利用率。

钙：婴幼儿期是人一生中代谢最旺盛的时期，大脑和身体迅速发育，乳牙萌出，都需要钙的参与。钙的来源有奶、奶制品、豆腐、豆腐干、芝麻酱、虾皮、紫菜、油菜、橙子等。

磷：磷是钙的最佳搭档，是促进骨骼和牙齿钙化的重要营养物质。磷的来源有口蘑、南瓜子、葵花子、牛肉、蛋类等。

锌：锌也是促进生长发育不可缺少的元素，缺锌可导致生长缓慢、食欲不振，影响宝宝每日所需营养的摄入。锌的来源主要有水产贝类、口蘑、香菇、牛肉、南瓜子等。

长高护齿特别营养餐

芝香山药球

🍲 **食　材：**新鲜山药50克，芝麻酱50克，配方奶适量。

🍲 **做　法：**

❶ 山药洗净去皮，切小块，放入碗里，入蒸锅蒸熟。取出碾成山药泥，团成圆球，放入盘中。

❷ 芝麻酱加少量配方奶调稀，淋在山药球上。

适合6个月以上宝宝。

奶香蛋花芝麻粥

食　材：大米50克，鸡蛋1个，黑、白芝麻粉适量，配方奶适量。

做　法：

❶ 鸡蛋磕开，取蛋黄打散。

❷ 大米淘洗干净，加适量水煮成稍稠的粥，取适量粥放入小锅，淋入打散的蛋黄煮开，放入黑、白芝麻粉搅拌均匀，晾温，放入适量冲调好的配方奶搅拌均匀。

适合8个月以上宝宝。

口蘑酿鹌鹑蛋

食　材：口蘑4个，鹌鹑蛋4个，西红柿半个，生抽、淀粉、植物油适量。

做　法：

❶ 口蘑洗净，去蒂，倒放在盘内，将鹌鹑蛋打入口蘑菌伞内，入蒸锅蒸8~10分钟。

❷ 西红柿切小块。锅内放少量植物油，放入西红柿翻炒出汤汁。生抽和淀粉加少量水调成芡汁，勾芡。

❸ 将炒好的西红柿汁淋在蒸好的口蘑鹌鹑蛋上。

适合1岁以上宝宝。

香椿芽拌豆腐

🍲 食　材：豆腐1/4块，香椿芽20克，盐、芝麻油适量。

🍲 做　法：

❶ 香椿芽洗净，入沸水中焯烫5分钟捞出，控干水分，切细末。

❷ 豆腐洗净，切块，放入沸水中焯烫5分钟捞出，控干水分，盛入盘中，放入切碎的香椿芽，加盐、芝麻油拌匀。

适合1岁以上宝宝。

香橙猕猴桃汁

🍲 食　材：橙子半个，猕猴桃1个。

🍲 做　法：

❶ 橙子洗净，去皮切块；猕猴桃洗净，去皮切块。

❷ 将切好的橙子和猕猴桃放入料理机中打成果汁。

适合1岁以上宝宝。

烤羽衣甘蓝

🍲 食　材：羽衣甘蓝1棵，芝麻粉、盐、橄榄油适量。

🍲 做　法：

❶ 羽衣甘蓝洗净，用厨房纸巾吸干叶面上的水。将叶子撕成小片，去老梗。加少量橄榄油拌匀，平铺在烤盘内。

❷ 烤箱160℃预热，放入烤盘烤5~10分钟，叶子表面稍干，将叶子翻面，加少量盐，撒入芝麻粉，继续烤5分钟。

适合1岁以上宝宝。

虾皮韭菜炒鸡蛋

🍲 食　材：鸡蛋1个，韭菜20克，无盐虾皮10克，盐、植物油适量。

🍲 做　法：

❶ 韭菜择洗干净，切末。虾皮洗净，攥干水分。

❷ 鸡蛋打入碗中，加入韭菜末、虾皮、盐，搅拌均匀。

❸ 锅内倒适量植物油，油热后将鸡蛋液倒入锅中，快速翻炒熟。

适合1.5岁以上宝宝。

关键词：益智健脑

3岁前是宝宝大脑发育的黄金时期。新生儿脑重量为350～400克，约为成人脑重的25%，2岁末时脑重为出生时3倍，约为成人脑重的75%，到3岁时接近成人脑重。大脑的良好发育需要丰富、优质的营养供给，所以应为宝宝多提供益智健脑的食物。

有助宝宝脑部发育的关键营养——蛋白质、脂类、糖类、牛磺酸、铁、锌、维生素等。

蛋白质为大脑细胞分裂提供动力，且脑脊液由蛋白质合成。蛋白质的来源主要包括奶、蛋、肉、豆腐及豆制品，其中奶、蛋、肉由于氨基酸种类齐全、数量多、比例均衡，属于优质蛋白质。

脂类是人体所需的重要营养素之一，是人体细胞组织的重要组成成分。宝宝大脑的60%是脂肪结构。不饱和脂肪酸和卵磷脂为宝宝脑部细胞发育提供重要营养。不饱和脂肪酸来源主要为鱼、虾、坚果、亚麻籽油、橄榄油、核桃油；卵磷脂的优质来源主要是蛋黄。

糖类给大脑提供能量，糖类也被称为碳水化合物。五谷杂粮等主食是糖类的最佳来源。

牛磺酸能够促进宝宝脑部和智力的发育。牛磺酸的来源主要为母乳、鱼、虾、贝类和紫菜等。

铁参与人体血红蛋白的合成，血红蛋白在人体内负责氧气的运输和储存。脑部缺氧会对宝宝的脑部和神经发育造成不可逆的影响，导致注意力不集中、理解力降低、反应慢等表现。铁的来源主要为动物肝脏、动物血、瘦肉、蛋黄等。维生素C可以帮助铁的吸收，水果是维生素C的最佳来源，草莓、猕猴桃、鲜枣、木瓜等维生素C含量较高。

锌能促进宝宝大脑发育，增强大脑的记忆功能。锌的来源主要为贝类、菌菇类、牛肉、南瓜子等。

益智健脑特别营养餐

橙汁蛋黄泥

🍲 食　材：鸡蛋1个，橙子半个。

🍲 做　法：

❶ 鸡蛋煮熟剥去蛋白，取适合宝宝月龄食用量的蛋黄放入碗内。

❷ 橙子洗净，去皮挤出橙汁与蛋黄混合均匀。

适合6个月以上宝宝。

板栗松仁粥

🍲 食　材：板栗20克，熟松仁20克，糙米50克。

🍲 做　法：

❶ 糙米提前洗净，浸泡30分钟；板栗洗净，去外皮；熟松仁切碎。

❷ 将糙米、板栗加适量水，放入料理机中打碎。

❸ 将打好的糙米板栗碎煮成粥，加入松仁碎。

适合8个月以上宝宝。

核桃银耳桂圆粥

🍲 食　材：燕麦片20克，银耳10克，熟核桃仁3个，桂圆干3个。

🍲 做　法：

❶ 银耳提前洗净，泡发，去根，撕碎；熟核桃仁碾碎；桂圆干洗净，切碎。

❷ 锅内放水，加入银耳片、桂圆干煮30分钟，然后加入燕麦片、核桃碎再煮5分钟。

适合1岁以上宝宝。

柠汁三文鱼

🍲 食　材：三文鱼100克，柠檬半个，洋葱、盐、植物油适量。

🍲 做　法：

❶ 三文鱼洗净切片；洋葱切碎。

❷ 三文鱼片加入盐、洋葱碎，挤入适量柠檬汁搅拌均匀，腌10分钟。

❸ 锅内放少量植物油，取腌好的三文鱼片煎熟。可搭配米饭、面条。

适合1岁以上宝宝。

牡蛎煎蛋饼

🍲 食　材：鸡蛋2个，韭菜50克，鲜牡蛎100克，面粉、盐、植物油适量。

🍲 做　法：

❶ 韭菜择洗干净，切末；鲜牡蛎清洗干净，切碎，控干水分。

❷ 鸡蛋清洗表面，磕入大碗中，加入鲜牡蛎碎、韭菜末搅拌均匀，再放入盐，面粉，搅成糊状。

❸ 平底锅锅底放油烧热，将鸡蛋糊在锅内摊成圆形小饼，两面煎金黄。

适合1.5岁以上宝宝。

奶酪鳕鱼

食　材：宝宝奶酪1块，胡萝卜50克，西蓝花5朵，西红柿半个，鳕鱼2块。

做　法：

❶ 鳕鱼洗净，蒸熟，剔除鱼刺，鱼肉切成块放入盘中备用。

❷ 西红柿洗净去皮，切碎。

❸ 胡萝卜洗净去皮，切小块；西蓝花洗净，切小朵。将胡萝卜和西蓝花分别放入沸水中焯熟，捞出，沥干水分，放入鱼肉盘中。

❹ 锅中放少量清水煮开，放入西红柿、宝宝奶酪，煮至奶酪化开，将西红柿奶酪淋在鳕鱼蔬菜上。

适合1.5岁以上宝宝。

鹌鹑蛋肉丸

🍲 食 材：鹌鹑蛋3个，猪里脊肉80克，鸡蛋1个，馒头10克，胡萝卜1段，盐、淀粉、凉开水适量。

🍲 做 法：

❶ 鹌鹑蛋洗净煮熟，去皮备用。鸡蛋洗净磕入碗中，打散备用。胡萝卜洗净去皮，切稍厚片，平铺在盘底。

❷ 猪里脊肉洗净去筋，切小块，放入肉馅机中，将打散的鸡蛋倒入肉馅机中，绞打成细腻的肉泥，盛入碗中。

❸ 馒头切碎末，放入打好的肉馅中，加入盐、淀粉、2匙凉开水，顺同一方向搅打均匀。

❹ 将肉馅平均分成3份。取一份，在手心拍成圆形肉饼，将鹌鹑蛋包入，继续团成圆形肉丸，放在盘内的胡萝卜片上。同样方法继续包完剩下的肉丸。

❺ 蒸锅水开后，将肉丸中火蒸30分钟。晾凉后切开给宝宝食用。

适合1.5岁以上宝宝。

关键词：养血护眼

养血护眼的关键营养包括铁、维生素A、胡萝卜素和维生素C。

养血护眼离不开"铁"，宝宝6个月之后要多摄入含铁高的食物，以预防缺铁性贫血。"铁"在食物中以两种形式存在：非血红素铁和血红素铁。非血红素铁主要存在于植物性食物中，如绿叶蔬菜、木耳、海带、紫菜等，吸收率较低；血红素铁主要存在于动物性食物中，如动物肝脏以及血液、禽畜肉、鱼肉、蛋黄等，吸收率较高，如动物肝脏中铁的吸收率高达10%～20%。虽然植物性食物中铁的吸收率不高，但其营养素相对较全，可搭配食用，以保证营养的全面吸收。

维生素A能促进铁的吸收。维生素A能够改善机体铁的吸收、运转和分布，促进造血功能。胡萝卜素进入人体内可转化为维生素A，用胡萝卜素补充维生素A不会造成蓄积。维生素A的来源主要为动物肝脏、奶类、禽蛋黄及鱼肝油等。胡萝卜素主要来自植物性食物，如莲藕、西蓝花、胡萝卜、红薯、油菜、杏和柿子等。

维生素C能使食物中的铁转变为能吸收的亚铁，与维生素A共同促进宝宝体内铁的吸收和运转。维生素C的来源主要为新鲜的蔬菜和水果，如空心菜、菠菜、西红柿、橘、橙、鲜枣等。

养血护眼特别营养餐

菠菜泥

🍲 食　材：菠菜3~5根。

🍲 做　法：

菠菜择洗干净，放入沸水中焯至变软，捞出，控干水分，切小段，用研磨棒研磨成菜泥，或放入料理机中打成菜泥。

适合6个月以上宝宝。

红枣鹌鹑蛋

食 材：红枣5个，鹌鹑蛋2个，莲子15克。

做 法：

❶ 鹌鹑蛋洗净，煮熟剥皮备用；红枣洗净备用。

❷ 莲子与红枣同放在砂锅内，加适量清水，文火煮至莲子肉烂。

❸ 加入煮好的鹌鹑蛋再煮5分钟即可。

适合1岁以上宝宝。

鸭血炒韭菜

食 材：鸭血100克，韭菜20克，生抽、白糖、淀粉、植物油适量。

做 法：

❶ 鸭血洗净，切块，用沸水焯2~3分钟，捞出，控干水分；韭菜择洗干净，切小段，生抽、白糖、淀粉加少量水调成芡汁。

❷ 锅中放少量植物油，放入焯好的鸭血块，翻炒，加入韭菜段后快速淋入芡汁，翻炒均匀即可。

适合1岁以上宝宝。

鸡肝芝麻饼

🥘 食　材：鸡肝50克，鸡蛋1个，柠檬半个，芝麻、盐、淀粉适量。

🥘 做　法：

❶ 鸡肝洗净去除筋膜，切小薄片，放入水中浸泡10分钟，中间多换几次水，冲洗干净，控干水分，加入少许盐、淀粉拌匀，放入沸水中焯熟。

❷ 熟鸡肝放入料理机中，打碎，盛出放入大碗，打入1个鸡蛋，挤入少量柠檬汁，搅拌成稠糊状。将鸡肝泥团成大小相同的丸子，再轻轻压扁，两面沾上芝麻。

❸ 烤箱180℃预热，放入鸡肝芝麻饼，上下层，烘烤15分钟。

适合1.5岁以上宝宝。

桑葚粥

🥘 食　材：鲜桑葚40克，糯米40克。

🥘 做　法：

❶ 糯米淘洗干净，提前泡3小时左右；鲜桑葚清洗干净。

❷ 糯米、鲜桑葚放入锅中，加水适量，大火烧开后小火继续熬煮30分钟。

适合1.5岁以上宝宝。

牛肉胡萝卜金针菇水饺

食 材：牛里脊肉100克，胡萝卜30克，金针菇20克，葱末、面粉、生抽、植物油、芝麻油适量。

做 法：

❶ 面粉加适量水和成面团，盖盖，醒30分钟。

❷ 胡萝卜洗净，擦成短细丝；金针菇去根，洗净，切碎。

❸ 锅中放入少量植物油，放入胡萝卜丝炒至变软，盛出备用。

❹ 牛里脊肉洗净，剁碎，加入生抽，顺时针方向搅拌均匀，分次加适量清水继续搅打，放入炒好的胡萝卜丝、金针菇碎、葱末、植物油、芝麻油搅拌均匀。

❺ 面团分成小剂儿，擀成圆面片，放入肉馅，包成饺子，煮熟。

适合1.5岁以上宝宝。

关键词：提高免疫力

宝宝长到6个月后从妈妈体内带来的免疫力逐渐消失，需要启用自己的免疫系统对抗外界的细菌和病毒。通过辅食调理增强宝宝的免疫力能够使宝宝少生病，健康成长。提高宝宝免疫力的辅食需要注意以下两点。

营养均衡：营养均衡的饮食能提高宝宝身体的免疫力，多给宝宝食用富含维生素和矿物质的天然食物，避免偏食导致营养失调。

拒绝精制化加工食品：食物经过复杂加工会流失很多天然的营养物质，并且在加工和储存过程中会添加各种添加剂，因此要不吃或少吃这类食物。

提高免疫力特别营养餐

核桃芝麻粉

🍲 食　材：核桃仁、黑芝麻各150克。

🍲 做　法：

❶ 核桃仁洗净，放入热水中泡3~5分钟，取出稍晾，剥去表面的外皮，取白色果肉；黑芝麻洗净，控干水分。

❷ 将核桃仁和黑芝麻分别放入炒锅，小火炒熟，也可用烤箱烤熟。

❸ 将晾凉的核桃仁和黑芝麻放入料理机中打成粉末。

❹ 食用粥或面条时拌入核桃黑芝麻粉即可。宜尽快食用，不宜久存。

适合8个月以上宝宝。

扁豆枣肉糕

食　材：白扁豆、红枣、山药米粉各100克。

做　法：

❶ 白扁豆洗净煮熟，捞出去皮，压成泥状备用。

❷ 红枣洗净蒸熟，去皮和核，取枣肉泥备用。

❸ 将白扁豆泥和红枣泥放入碗中，加入山药米粉，取适量煮豆的汤调匀，放入蒸锅，大火蒸10分钟。

适合1岁以上宝宝。

陈皮乌鸡汤

食　材：乌鸡1只，陈皮10克，姜2片。

做　法：

❶ 乌鸡洗净，去内脏和脚趾，在开水中焯去血沫；陈皮洗净泡软。

❷ 汤锅水热后放入焯好的乌鸡、姜片、陈皮大火烧开，小火煲2小时。取鸡胸和鸡腿上的肉切碎，放入汤中给宝宝食用。

适合1.5岁以上宝宝。

淮山莲子鳝鱼汤

食　材：鳝鱼1条，淮山半根，莲子16克，姜2片，生抽、植物油适量。

做　法：

❶ 鳝鱼洗净，去内脏，过沸水，焯去表面黏液，切小段；淮山洗净，去皮，切小块；莲子洗净。

❷ 炒锅放少量植物油，放入姜片和鳝鱼段，翻炒片刻，加入少量生抽。汤锅加入清水、鳝鱼段、姜片、莲子，大火烧开，转小火煲半小时，加入淮山块，煮20~30分钟。

适合2岁以上宝宝。

附　录

一、出生~2岁男童身高（长）标准值

（cm）

年龄	月龄	-3SD	-2SD	-1SD	中位数	+1SD	+2SD	+3SD
出生	出生	45.2	46.9	48.6	50.4	52.2	54.0	55.8
	1	48.7	50.7	52.7	54.8	56.9	59.0	61.2
	2	52.2	54.3	56.5	58.7	61.0	63.3	65.7
	3	55.3	57.5	59.7	62.0	64.3	66.6	69.0
	4	57.9	60.1	62.3	64.6	66.9	69.3	71.7
	5	59.9	62.1	64.4	66.7	69.1	71.5	73.9
	6	61.4	63.7	66.0	68.4	70.8	73.3	75.8
	7	62.7	65.0	67.4	69.8	72.3	74.8	77.4
	8	63.9	66.3	68.7	71.2	73.7	76.3	78.9
	9	65.2	67.6	70.1	72.6	75.2	77.8	80.5
	10	66.4	68.9	71.4	74.0	76.6	79.3	82.1
	11	67.5	70.1	72.7	75.3	78.0	80.8	83.6
1岁	12	68.6	71.2	73.8	76.5	79.3	82.1	85.0
	15	71.2	74.0	76.9	79.8	82.8	85.8	88.9
	18	73.6	76.6	79.6	82.7	85.8	89.1	92.4
	21	76.0	79.1	82.3	85.6	89.0	92.4	95.9
2岁	24	78.3	81.6	85.1	88.5	92.1	95.8	99.5

（注：数据引自中国国家卫生健康委员会网站2009年发布的儿童生长发育参照标准）

223

二、出生~2岁女童身高（长）标准值

（cm）

年龄	月龄	-3SD	-2SD	-1SD	中位数	+1SD	+2SD	+3SD
出生	出生	44.7	46.4	48.0	49.7	51.4	53.2	55.0
	1	47.9	49.8	51.7	53.7	55.7	57.8	59.9
	2	51.1	53.2	55.3	57.4	59.6	61.8	64.1
	3	54.2	56.3	58.4	60.6	62.8	65.1	67.5
	4	56.7	58.8	61.0	63.1	65.4	67.7	70.0
	5	58.6	60.8	62.9	65.2	67.4	69.8	72.1
	6	60.1	62.3	64.5	66.8	69.1	71.5	74.0
	7	61.3	63.6	65.9	68.2	70.6	73.1	75.6
	8	62.5	64.8	67.2	69.6	72.1	74.7	77.3
	9	63.7	66.1	68.5	71.0	73.6	76.2	78.9
	10	64.9	67.3	69.8	72.4	75.0	77.7	80.5
	11	66.1	68.6	71.1	73.7	76.4	79.2	82.0
1岁	12	67.2	69.7	72.3	75.0	77.7	80.5	83.4
	15	70.2	72.9	75.6	78.5	81.4	84.3	87.4
	18	72.8	75.6	78.5	81.5	84.6	87.7	91.0
	21	75.1	78.1	81.2	84.4	87.7	91.1	94.5
2岁	24	77.3	80.5	83.8	87.2	90.7	94.3	98.0

三、出生 ~2 岁男童体重标准值

（kg）

年龄	月龄	-3SD	-2SD	-1SD	中位数	+1SD	+2SD	+3SD
出生	出生	2.26	2.58	2.93	3.32	3.73	4.18	4.66
	1	3.09	3.52	3.99	4.51	5.07	5.67	6.33
	2	3.94	4.47	5.05	5.68	6.38	7.14	7.97
	3	4.69	5.29	5.97	6.70	7.51	8.40	9.37
	4	5.25	5.91	6.64	7.45	8.34	9.32	10.39
	5	5.66	6.36	7.14	8.00	8.95	9.99	11.15
	6	5.97	6.70	7.51	8.41	9.41	10.50	11.72
	7	6.24	6.99	7.83	8.76	9.79	10.93	12.20
	8	6.46	7.23	8.09	9.05	10.11	11.29	12.60
	9	6.67	7.46	8.35	9.33	10.42	11.64	12.99
	10	6.86	7.67	8.58	9.58	10.71	11.95	13.34
	11	7.04	7.87	8.80	9.83	10.98	12.26	13.68
1 岁	12	7.21	8.06	9.00	10.05	11.23	12.54	14.00
	15	7.68	8.57	9.57	10.68	11.93	13.32	14.88
	18	8.13	9.07	10.12	11.29	12.61	14.09	15.75
	21	8.61	9.59	10.69	11.93	13.33	14.90	16.66
2 岁	24	9.06	10.09	11.24	12.54	14.01	15.67	17.54

四、出生 ~2 岁女童体重标准值

（kg）

年龄	月龄	−3SD	−2SD	−1SD	中位数	+1SD	+2SD	+3SD
出生	出生	2.26	2.54	2.85	3.21	3.63	4.10	4.65
	1	2.98	3.33	3.74	4.20	4.74	5.35	6.05
	2	3.72	4.15	4.65	5.21	5.86	6.60	7.46
	3	4.40	4.90	5.47	6.13	6.87	7.73	8.71
	4	4.93	5.48	6.11	6.83	7.65	8.59	9.66
	5	5.33	5.92	6.59	7.36	8.23	9.23	10.38
	6	5.64	6.26	6.96	7.77	8.68	9.73	10.93
	7	5.90	6.55	7.28	8.11	9.06	10.15	11.40
	8	6.13	6.79	7.55	8.41	9.39	10.51	11.80
	9	6.34	7.03	7.81	8.69	9.70	10.86	12.18
	10	6.53	7.23	8.03	8.94	9.98	11.16	12.52
	11	6.71	7.43	8.25	9.18	10.24	11.46	12.85
1 岁	12	6.87	7.61	8.45	9.40	10.48	11.73	13.15
	15	7.34	8.12	9.01	10.02	11.18	12.50	14.02
	18	7.79	8.63	9.57	10.65	11.88	13.29	14.90
	21	8.26	9.15	10.15	11.30	12.61	14.12	15.85
2 岁	24	8.70	9.64	10.70	11.92	13.31	14.92	16.77